기초

자동차 해석

FUNDAMENTAL AUTOMOTIVE ANALYSIS

구민사

저자약력 | **한성철** 국제대학교 미래자동차과 교수
유재복 한국폴리텍대학 스마트전기자동차과 교수

기초 자동차 해석

초 판 인쇄 | 2023년 4월 20일
초 판 발행 | 2023년 4월 25일
개정1판 발행 | 2025년 4월 30일

저 자 | 한성철·유재복
발행인 | 조규백
발행처 | 도서출판 구민사
(07293) 서울특별시 영등포구 문래북로 116, 604호(문래동3가 46, 트리플렉스)
전화 | (02) 701-7421
팩스 | (02) 3273-9642
홈페이지 | www.kuhminsa.co.kr

신고번호 | 제2012-000055호 (1980년 2월 4일)
I S B N | 979-11-6875-548-2 93550

값 25,000원

PREFACE

머리말

현대 문명의 꽃이라 불리는 자동차는 우리의 일상생활에서 없어서는 안 될 문명의 이기로서 국가적인 차원에서 중대한 요소를 차지하고 있다. 자동차 공업의 중요성은 누구나 충분히 알고 있는 사실이며, 국가 경제발전에 따라 이루어진 자동차의 첨단화, 고속화 및 대형화의 추세에 의해 더욱더 철저한 자동차 정비가 요구되고 있다.

앞으로도 자동차의 생산과 보급 대수는 지속적으로 증가할 것이며, 세계 각국과 경쟁적인 측면에서도 새롭고 독창적인 기술 개발과 함께 다양한 종류의 자동차의 출현도 기대되는 시점이다.

이런 시점에서 이 책은 자동차 정비교육 기관에서 기초교육을 받는 사람들은 물론이고 전문 기술인들에 이르기까지 필요한 자동차 기초 이론에서부터 첨단 이론까지 이해하기 쉽게 엮어 기술자격 취득과 함께 현장 실무에서도 활용할 수 있도록 기관, 섀시 전기 등 자동차 전체 분야를 한 권의 책에 빠짐없이 수록하였으며, 앞으로 생산될 하이브리드 자동차에 대해서도 설명을 첨가하였다. 저자는 오랜 기간 동안 자동차 분야의 강의와 경험을 토대로 하여 독자 여러분들께 보다 쉽고 알찬 내용으로 책을 엮고자 노력하였으나 부족한 부분이 없지는 않을 것이다. 따라서 이 책의 오류나 미비한 사항에 대해서는 언제라도 지적, 조언하여 주시면 수정과 보완해 나가도록 하겠다.

끝으로 이 책의 출판을 위해 적극적으로 도움을 주신 도서출판 구민사 조규백 대표님과 직원 여러분께 깊은 감사를 드린다.

저자

CONTENTS

차례

01 기초수학

02 자동차공학 기초

03 자동차 엔진

04 자동차 전기

05 자동차 섀시

06 자동차 검사

CHAPTER 기초 자동차 해석 | Fundamental Automotive Analysis

I 기초수학

1 수의 표현

1.1. 자연수

자연수는 일상생활에서 숫자로 표현되는 물건을 헤아릴 때, 사용하는 1, 2, 3, 4⋯ 등의 수를 의미한다. 자연수 A를 자연수 B로 나누면, A= B×(몫)+(나머지)인 관계가 성립한다. 예를 들면, 7을 3으로 나누면, 7= (3×2)+1이고, 여기서 몫은 2이고 나머지는 1이 된다.

1.2. 유리수

정수는 자연수의 집합 {1, 2, 3 ⋯ }, 음수의 집합 {-1, -2, -3 ⋯}으로 이루어진 수로 표현된다. 예를 들면, 온도를 정수로 나타낼 때 영상 5[℃]는 +5[℃]로, 영하 5℃는 -5[℃]로 표기한다."+"는 양의 부호를, "-"는 음의 부호를 나타내며, 여기서 사용되는 양의 부호"+"와 음의 부호"-"는 모양이 덧셈 및 뺄셈의 기호와 동일하지만, 다른 의미로 사용된다.

m, n이 정수이며 분수 $\frac{n}{m}(m \neq 0)$으로 표시할 수 있는 수를 유리수라고 한다.

예를 들면

$$2=\frac{2}{1}=\frac{4}{2},\ \frac{1}{3},\ \frac{3}{4},\ \frac{27}{5},\ -0.3=-\frac{3}{10}$$

등과 같이 분수로 표시할 수 있는 수는 모두 유리수이다.

어떤 분수 $\frac{n}{m}$을 소수로 나타낼 때 소수점 아래 0이 아닌 숫자가 유한개인 경우(유한소수)와 무한개인 경우(무한소수)이면서 같은 숫자 군이 한없이 되풀이(순환)되는 경우(순환소수)의 2가지로 나누어진다.

1.3. 무리수

유리수가 아닌 실수를 무리수하고 하는데, 예를 들면 $\sqrt{2}$, $-\sqrt{3}$, π …… 등은 무리수이다. 무리수를 소수로 나타내면 유리수로 표시할 수 없는 무한소수가 된다.

1.4. 실수

유리수와 무리수를 통틀어 실수라 한다. 실수는 수직선 위의 점과 일대일로 대응하며, 실수를 분류하면 다음과 같다.

- 실수
  - 유리수
    - 정수
      - 양의 정수(1, 2, 3, ……)
      - 영(0)
      - 음의 정수(−1, −2, −3, ……)
    - 정수가 아닌 유리수
      - 유한소수($\frac{1}{4}$, 0.4, −1.5, ……)
      - 순환소수($\frac{1}{3}$, 0.414141 …… 등)
  - 무리수($\sqrt{2}$, $-\sqrt{3}$, π, e 등 순환하지 않는 무한소수)

[실수의 분류]

2 수의 연산

2.1. 부호가 있는 수의 덧셈

2.1.1. 같은 부호를 가진 두 수의 덧셈

양수는 양의 부호를 써서 표현할 수 있다(예를 들면, +2). 그러나 통상 양수 +2는 양의 부호(+)를 쓰지 않고 2로 표현한다. 음수는 반드시 음의 부호(−)를 써 주어야 한다. 따라서 음수 2는 −2로 표현한다.

절대값에 대해서 알아보자. 절대값은 0으로 부터 거리를 나타낸다. 예를 들면, 0으로부터 +3까지의 거리는 3이고 또한 0으로부터 −3까지의 거리도 방향에 관계없이 3이다. 이러한 거리를 절대값이라 한다. 절대값의 기호는 $|\ |$ 로 표시한다. 여기서 $|5|$라고 쓰면 0에서 +5가지의 거리를 나타내므로 $|5|=5$이다. 같이하여 $|-5|$라고 쓰면 0에서 부터 −5가지의 거리를 나타내므로 $|-5|=5$가 된다.

또 다른 예를 들면,

$$|6|=6 \qquad |-3|=3$$

$$|7.2|=7.2 \qquad \left|-\frac{1}{5}\right|=\frac{1}{5}$$

$$|0|=0 \qquad |-26|=26$$

이다.

예 제 [Example]

01. 다음을 계산하시오.

(1) $-3.2+(-5.6)$

(2) $\frac{5}{18}+\frac{1}{3}$

(3) $-\frac{1}{7}+(-\frac{3}{5})$

풀이 (1) −8.8

(2) $\frac{5}{18}+\frac{1}{3}=\frac{5}{18}+\frac{6}{18}=\frac{11}{18}$

(3) $-\frac{1}{7}+(-\frac{3}{5})=-\frac{5}{35}+(-\frac{21}{35})=-\frac{26}{35}$

2.1.2. 서로 다른 부호를 가진 두 수의 덧셈

예 제 [Example]

02. 다음을 계산하시오

(1) 8 + (−10)

(2) −16.6 + 12.3

풀이 (1) −2

(2) −4.3

03. 24 + (-16) + (-10)을 계산하라.

풀이 24 − 16 = 8, 그리고 8 −10 = −2

따라서 답은 −2이다.

2.2. 부호가 있는 수의 뺄셈

2.2.1. 같은 부호를 가진 두 수의 덧셈

같은 절대값을 가지는 양수의 반대는 음수라는 개념을 가지고 계산을 한다. 예를 들면, 7의 반대는 −7이다. 같이하여 −7의 반대는 7이 된다. 이러한 개념을 이용하면 같은 부호를 같은 두 수의 덧셈으로 뺄셈을 계산할 수 있다.

뺄셈	반대를 이용한 덧셈
25 − 5 = 20	25 + (−5) = 20
19− 6 = 13	19 + (−6) = 13
7 − 3 = 4	7 + (−3) = 4
15 − 5 = 10	15 + (−5) = 10

예 제 [Example]

04. 다음을 계산하여라.

(1) $7 - 10$　　(2) $-3 - 19$

(3) $6 - (-3)$　　(4) $-4 - (-2)$

(5) $-\frac{1}{2}-(-\frac{1}{3})$　　(6) $2.7 - (-5.2)$

풀이 (1) $7 - 10 = 7 + (-10) = -3$

(2) $-3 - 19 = -3 + (-19) = -22$

(3) $6 - (-3) = 6 + 3 = 9$

(4) $-4 - (-2) = -4 + 2 = -2$

(5) $-\frac{1}{2}-(-\frac{1}{3})=-\frac{1}{2}+\frac{1}{3}=-\frac{3}{6}+\frac{2}{6}=-\frac{1}{6}$

(6) $2.7 - (-5.2) = 2.7 + 5.2 = 7.9$

2.2.2. 부호를 가진 두 수의 덧셈과 뺄셈

덧셈과 뺄셈이 여러 개 동시에 수행해야 할 때는 왼편으로부터 오른편으로 순서대로 계산한다.

예 제 [Example]

05. -8 - (-3) + (-5)을 계산하라

풀이 $-8 - (-3) + (-5) = -8 + 3 + (-5) = -5 + (-5) = -10$

06. 38 - (-26)을 계산하라.

풀이 $38 - (-26) = 38 + 26 = 64$

2.3. 부호가 있는 수의 곱셈과 나눗셈

2.3.1. 부호를 가진 두 수의 곱셈과 나눗셈

두 수의 곱셈을 나타내는 방법은 여러 가지이나 다 같은 의미를 가지고 있다. 예를 들면 다음의 3과 5를 곱하는 표현방법은 여러 가지나 다 같은 의미를 가지고 있다.

$3 \times 5 \qquad 3 \cdot 5 \qquad (3)(5) \qquad 3(5)$

또한 부호를 가진 두 수를 곱할 때 부호의 변화는 다음과 같다.

(양수) × (양수) = (양수)
(음수) × (음수) = (양수)
(음수) × (양수) = (음수)
(양수) × (음수) = (음수)

예 제 [Example]

07. 다음을 계산하시오.

(1) $(-8)(-3)$ (2) $-5(-6)$

(3) $(-\frac{1}{2})(-\frac{3}{5})$ (4) $(0.6)(1.3)$

풀이 (1) $(-8)(-3) = 24$ (2) $-5(-6) = 30$

(3) $(-\frac{1}{2})(-\frac{3}{5}) = \frac{3}{10}$ (4) $(0.6)(1.3) = 0.78$

08. 다음을 계산하시오.

(1) $-20 \div 5$ (2) $36 \div (-18)$

(3) $\frac{-20.8}{2.6}$ (4) $\frac{\frac{3}{5}}{-\frac{9}{13}}$

풀이 (1) $-20 \div 5 = -4$

(2) $36 \div (-18) = -2$

(3) $\frac{-20.8}{2.6} = -8$

(4) $\frac{\frac{3}{5}}{-\frac{9}{13}} = \frac{3}{5} \div (-\frac{9}{13}) = (\frac{3}{5})(-\frac{13}{9}) = -\frac{13}{15}$

2.3.2. 부호를 가진 세 개 이상 수의 곱셈

세개 이상의 부호를 가진 수를 곱할 때는 먼저 두 개를 곱하고 그 다음 수를 곱해 나가는 방식으로 계산한다.

예 제 [Example]

09. 5(-2)(-3)를 계산하시오.

풀이 $5(-2)(-3) = -10(-3) = -30$

10. $6(-\frac{1}{2})(-4)(-2)$을 계산하시오.

풀이 $6(-\frac{1}{2})(-4)(-2) = (-3)(-4)(-2) = 12(-2) = -24$

2.4. 분수식의 연산

분수식 계산에서 분모가 다를 때에는 아래 식 중 덧셈, 뺄셈과 같이 통분한다.

2.4.1. 분수식의 연산법

- 곱셈 : $\frac{A}{B} \times \frac{C}{D} = \frac{AC}{BD}$

- 나눗셈 : $\frac{A}{B} \div \frac{C}{D} = \frac{A}{B} \times \frac{D}{C} = \frac{AD}{BC}$

• 덧셈 : $\frac{A}{B} + \frac{C}{D} = \frac{AD}{BD} + \frac{BC}{BD} = \frac{AD+BC}{BD}$

• 뺄셈 : $\frac{A}{B} - \frac{C}{D} = \frac{AD}{BD} - \frac{BC}{BD} = \frac{AD-BC}{BD}$

2.4.2. 번분수식의 연산법

• $\dfrac{A}{\frac{C}{D}} = A \div \frac{C}{D} = A \times \frac{D}{C} = \frac{AD}{C}$

• $\dfrac{\frac{A}{B}}{\frac{C}{D}} = \frac{A}{B} \div \frac{C}{D} = \frac{A}{B} \times \frac{D}{C} = \frac{AD}{BC}$

• $\dfrac{\frac{B}{A}}{C} = \frac{B}{A} \div C = \frac{B}{A} \times \frac{1}{C} = \frac{B}{AC}$

예 제 [Example]

11. 다음 각 분수식을 간단히 하라.

(1) $\dfrac{a}{\frac{c}{b}}$

(2) $\dfrac{1-\frac{1}{x}}{\frac{x}{1+x}}$

풀이 (1) $a \div \frac{c}{b} = a \times \frac{b}{c} = \frac{ab}{c}$

(2) $\left(1-\frac{1}{x}\right) \div \frac{x}{1+x} = \frac{x-1}{x} \times \frac{1+x}{x} = \frac{x^2-1}{x^2}$

2.5. 지수형태로 수를 표시

2.5.1. 대수형태로 표시된 수를 지수형태로 표시하기

매우 크거나 작은 수는 지수형태로 표시하는 것이 유용하다. 예를 들면, 대수형태로 표시된 24,800,000,000,000[km]를 편리하게 지수형태로 표시하면 2.48×10^{13}[km]가 된다. 또한 매우 작은 수를 예를 들면, 대수형태로 표시된 0.000002를 지수형태로 표시하면 2×10^{-6}이 된다.

즉,

$$24{,}800{,}000{,}000{,}000\text{km} = 2.48 \times 10{,}000{,}000{,}000{,}000 = 2.48 \times 10^{13}[\text{km}]$$

$$0.000002 = 2 \times 0.000001 = 2 \times 10^{-6}$$

다음과 같은 표를 사용하면 편리하다.

$10 = 10^1 = 10$	$0.1 = 10^{-1}$
$100 = 10^2$	$0.01 = 10^{-2}$
$1000 = 10^3$	$0.001 = 10^{-3}$
$0000 = 10^4$	$0.0001 = 10^{-4}$
$100000 = 10^5$	$0.00001 = 10^{-5}$

예 제 [Example]

12. 다음 수를 지수형태로 표시하라.

163,457

풀이 $163{,}457 = 1.63457 \times 100000$
$= 1.63457 \times 10^5$

13. 다음 수를 지수형태로 표시하라.

(1) 0.036　　(2) 0.72

(3) 0.000589　　(4) 0.008

풀이 (1) $0.036 = 3.6 \times 10^{-2}$

(2) $0.72 = 7.2 \times 10^{-1}$

(3) $0.000589 = 5.89 \times 10^{-4}$

(4) $0.008 = 8 \times 10^{-3}$

2.5.2. 지수형태로 표시된 수를 대수형태로 표시하기

예 제 [Example]

14. 다음 수를 대수형태로 표시하라.

(1) 7.16×10^{-1} (2) 2.48×10^{-3}

(3) 1.2×10^{-4}

풀이 (1) $7.16 \times 10^{-1} = 0.716$

(2) $2.48 \times 10^{-3} = 0.00248$

(3) $1.2 \times 10^{-4} = 0.00012$

2.5.3. 지수의 법칙

$2^2 \times 2^3$을 2의 거듭제곱 형태로 나타내면 $2^2 \times 2^3 = (2\times2)\times(2\times2\times2) = 2^{2+3} = 2^5$이다. 그러므로 m, n이 양의 정수일 때, 임의의 정수 a에 대한 지수 표현 $a^m \times a^n = a^{m+n}$이 성립함을 알 수 있다.

법칙 1 : $a^m \times a^n = a^{m+n}$(여기서 $a \neq 0$)

$(2^3)^2$를 2의 거듭제곱 형태로 나타내면 $(2^3)^2 = 2^3 \times 2^3 = 2^{3+3} = 2^6$이다. 그러므로 m, n이 양의 정수일 때, 임의의 정수 a에 대한 지수 표현 $(a^m)^n = a^{mn}$이 성립함을 알 수 있다.

법칙 2 : $(a^m)^n = a^{mn}$(여기서 $a \neq 0$)

$2^5 \div 2^3$을 나눗셈으로 계산하면 $2^5 \div 2^3 = \dfrac{2\times2\times2\times2\times2}{2\times2\times2} = 2\times2 = 2^2$이고, $2^3 \div 2^5$를 나눗셈으로 계산하면 $2^3 \div 2^5 = 2^{3-5} = 2^{-2} = \dfrac{1}{2^2}$이다. 그러므로 m, n이 양의 정수일 때, 임의의 정수 a에 대한 지수 표현은 다음과 같이 성립한다.

법칙 3 : $m > n$ 이면 $a^m \div a^n = a^{m-n}$

$m = n$ 이면 $a^m \div a^n = a^{m-n} = a^0 = 1$

$m < n$ 이면 $a^m \div a^n = \dfrac{1}{a^{n-m}}$ (여기서 $a \neq 0$)

$(2\times3)^3$을 거듭제곱으로 표시하면 $(2\times3)^3 = (2\times3)\times(2\times3)\times(2\times3) = 2^3\times3^3$이고, $(\frac{2}{3})^3 = (\frac{2}{3})\times(\frac{2}{3})\times(\frac{2}{3}) = \frac{2^3}{3^3}$ 이다. 따라서 다음의 지수법칙이 성립한다.

법칙 4 : $(ab)^n = a^n b^n$, $\left(\dfrac{b}{a}\right)^n = \dfrac{b^n}{a^n}$ (여기서 $a \neq 0$, $b \neq 0$)

예 제 [Example]

15. n이 0 또는 음의 정수의 지수일 때 구하라.

풀이 $5^0 = 1$

$$\left(\frac{1}{2}\right)^{-2} = \frac{1}{\left(\frac{1}{2}\right)^2} = \frac{1}{\left(\frac{1}{4}\right)} = 4$$

16. 지수법칙 1에서 $m = 4$, $n = -1$일 때 다음을 구하라.

(1) $a^4 \times a^{-1} = a^{4+(-1)} = a^3$

(2) $(a^4)^{-1} = a^{4\times(-1)} = a^{-4} = \dfrac{1}{a^4}$

(3) $(ab)^{-1} = a^{-1}b^{-1} = \dfrac{1}{ab}$

(4) $a^4 \div a^{-1} = a^{4-(-1)} = a^5$

예 제 [Example]

17. 등식 $10^x = 0.0001$을 만족하는 x의 값을 구하라.

풀이 $10^x = \dfrac{1}{10^4} = 10^{-4}$이므로

$\therefore\ x = -4$

2.6. 거듭제곱근

앞에서 지수를 정수의 범위까지 확장하였으나, 여기서는 지수를 유리수의 범위까지 확장한다. 제곱해서 a가 되는 수를 a의 제곱근, 세제곱해서 a가 되는 수를 a의 세제곱근이라 한다.

일반적으로 n이 양의 정수일 때 n제곱해서 a가 되는 수, 즉

$$x^n = a$$

를 만족시키는 수 x를 a의 n제곱근이라고 한다. 또한 제곱근, 세제곱근, a을 통틀어 a의 거듭제곱근이라 한다.

a의 n제곱근을 구하는 것은 식

$$x^n = a$$

를 푸는 것과 동일하므로 a의 n제곱근은 복소수의 범위에서 n개 있음을 나타낸다. 그러나 여기서는 a의 n제곱근 중에서 실수만을 고려한다.

일반적으로 a의 n제곱근 중 실수인 것은 다음과 같다.

[1] n이 홀수 일 때

실수 a의 n제곱근 중, 실수인 것으로 오직 하나 뿐이다. 이것을 기호로는 $\sqrt[n]{a}$와 같이 된다. 이때 a가 양수이면 $\sqrt[n]{a}$은 양수이고, a가 음수이면 $\sqrt[n]{a}$도 음수이다.

[2] n이 짝수일 때

양수 a의 n제곱근 중 실수인 것은 양, 음의 2개가 있고, 그 절대값은 같다. 이 경우 양인 것을 $\sqrt[n]{a}$, 음의 것을 $-\sqrt[n]{a}$로 나타낸다. 이 때 음수 a의 n제곱근 중 실수인 것은 없다.

예 제 [Example]

18. 다음 값을 구하라.

(1) $\sqrt[4]{81}$

(2) $\sqrt[7]{-128}$

풀이 (1) $81 = 3^4$이므로, $\sqrt[4]{81} = 3$

(2) $-128 = (-2)^7$이므로, $\sqrt[7]{-128} = -2$

a, b가 양의 실수이고, n이 양의 정수일 때

$$(\sqrt[n]{a}\sqrt[n]{b})^n = (\sqrt[n]{a})^n(\sqrt[n]{b})^n = ab$$

이거, $ab > 0$, $\sqrt[n]{a}\sqrt[n]{b} > 0$이므로, $\sqrt[n]{a}\sqrt[n]{b}$는 ab의 양의 n의 제곱근이다.

따라서

$$\sqrt[n]{a}\sqrt[n]{b} = \sqrt[n]{ab}$$

그리고 거듭제곱근에는 다음과 같은 성질이 있다.

[지수법칙]

a, b가 양의 실수이고, m, n이 양의 정수일 때

- $\sqrt[n]{a}\sqrt[n]{b} = \sqrt[n]{ab}$
- $(\sqrt[n]{a})^m = \sqrt[n]{a^m}$

- $\sqrt[m]{\sqrt[n]{a}} = \sqrt[mn]{a}$

- $\dfrac{\sqrt[n]{a}}{\sqrt[n]{b}} = \sqrt[n]{\dfrac{a}{b}}$ (단, $b \neq 0$)

지수가 유리수일 때도 지수법칙 $(a^m)^n = a^{mn}(a > 0)$가 성립하면 $a^{\frac{m}{n}}$ $(m, n$은 정수, $n > 0)$에 대해서도

$$\left(a^{\frac{m}{n}}\right)^n = a^{\frac{m}{n} \times n} = a^m > 0$$

이므로, $a^{\frac{m}{n}}$은 a^m의 n제곱근이 된다.

따라서 $a^{\frac{m}{n}}$을 다음과 같이 정리한다.

[유리수의 지수]

$a > 0$, m, n가 정수이고 $n > 0$일 때

$$a^{\frac{m}{n}} = \sqrt[n]{a^m}$$

이와 같이 유리수의 지수를 정의하면 지수법칙은 유리수의 지수에 대해서도 똑같이 성립한다.

예 제 [Example]

19. $\sqrt[4]{16a\sqrt{a}} \div \sqrt[8]{a^3}$을 간단히 하라.

풀이 $\sqrt[4]{16a\sqrt{a}} \div \sqrt[8]{a^3} = \sqrt[4]{2^4 a^{1+\frac{1}{2}}} \div a^{\frac{3}{8}}$

$$= 2a^{\frac{3}{2} \times \frac{1}{4}} \div a^{\frac{3}{8}} = 2a^{\frac{3}{8} - \frac{3}{8}} = 2a^0 = 2$$

3 비율과 비례

3.1. 비율

[1] 같은 단위를 가진 두 양을 비교하기 위해서 비율(ratio)을 사용

예 제 [Example]

20. 다음 비율을 가장 간단한 분수로 나타내어라.

(1) 20시간에 대한 15시간의 비율

(2) 30시간에 대한 36시간의 비율

(3) 125 : 150

풀이 (1) $\frac{15}{20}=\frac{3}{4}$

(2) $\frac{36}{30}=\frac{6}{5}$

(3) $\frac{125}{150}=\frac{5}{6}$

[2] 다른 단위를 가진 두 양을 비교하기 위해서 비율(ratio)을 사용

예 제 [Example]

21. 진희가 타는 자동차는 14[ℓ]에 371[km]를 탈 수 있다고 한다. 리터에 대한 [km]의 비율은 얼마인가 ?

풀이 $\frac{371[\mathrm{km}]}{14[\ell]}=\frac{53[\mathrm{km}]}{2[\ell]}$

22. 7시간동안 301[km]를 주행한 자동차의 속도는 얼마인가 ?

풀이 $\frac{301}{7}=43[\mathrm{km/h}]$

예 제 [Example]

23. 식료품 상인이 200[kg]의 사과를 6만8천원 주고 구입하여서 200 [kg]의 사과를 86,000원 주고 팔았다. 사과의 kg 당 이익은 얼마인가 ?

풀이 이익 = 86,000원 − 68,000원 = 18,000원

$$\text{kg 당 이익} = \frac{18,000\text{원}}{200[\text{kg}]} = \frac{90\text{원}}{\text{kg}}$$

$$\begin{array}{r} 90 \\ 200\overline{)18,000} \\ \underline{18.000} \\ 0 \end{array}$$

24. 햄버거 가게에서 판매하는 햄버거 세트는 종류가 라지, 엑스트라라지 두 종류가 있다. 라지 햄버거 세트는 6파운드에 7.86달러, 엑스트라라지 햄버거 세트는 8파운드에 10.08달러라고 한다. 다음 물음에 답하시오.

(1) 햄버거 세트의 파운드 당 달러의 비율은 ?

(2) 엑스트라라지 햄버거 세트를 사면 파운드 당 얼마의 이익이 있는가?

풀이 (1) 라지 햄버거 세트 : $\frac{7.86\text{달러}}{6\text{파운드}} = \frac{1.31\text{달러}}{\text{파운드}}$

엑스트라라지 햄버거 세트 : $\frac{10.08\text{달러}}{8\text{파운드}} = \frac{1.26\text{달러}}{\text{파운드}}$

(2) 1.31달러 − 1.26달러 = 0.05달러/파운드

3.2. 비례의 개념

3.2.1. 비례

예 제 [Example]

25. 다음을 비례식으로 쓰시오. 7에 대한 5의 비율은 21에 대한 15의 비율과 같다.

$$\frac{5}{7}=\frac{15}{21}$$

26. 다음을 비례식으로 쓰시오. 2시간 주행하여 72[km]를 가면 3시간 주행하면 108[km]를 간다.

3.2.2. 비례 결정방법

[1] 분수가 비례한지 검사하는 방법

0이 아닌 a, b, c, d에 의한 두 분수에서 $\frac{a}{b}=\frac{c}{d}$이라면 $a \times d = b \times c$이다.

예 제 [Example]

27. 다음 분수가 비례한지를 검사하시오.

(1) $\frac{14}{18}=\frac{35}{45}$

(2) $\frac{16}{21}=\frac{174}{231}$

(3) $\frac{5.5}{7}=\frac{33}{42}$

(4) $\frac{5}{8\frac{3}{4}}=\frac{40}{72}$

풀이 (1) 14 × 45 = 630, 18 × 35 = 630이므로 $\frac{14}{18}=\frac{35}{45}$이다.

(2) 16 × 231 = 3696, 21 × 174 = 3654이므로

$$\frac{16}{21}\neq\frac{174}{231}$$

(3) 5.5 × 42 = 231, 7 × 33 = 231이므로 $\frac{5.5}{7}=\frac{33}{42}$

(4) $\frac{35}{4}$×40= 350, 5×72= 360×40= 360이므로

$$\frac{5}{8\frac{3}{4}}\neq\frac{40}{72}$$

예 제 [Example]

28. 다음 물음에 답하시오.

(1) $\frac{86원}{13[g]}$ 의 비율은 $\frac{79원}{12[g]}$ 의 비율과 비례한가 ?

(2) $\frac{3달러}{2파운드}$ 의 비율은 $\frac{17달러}{18파운드}$ 의 비율과 비례한가 ?

풀이 (1) 86 × 12 = 1032

13 × 79 = 1027이므로 $\frac{86원}{13[g]} \neq \frac{79원}{12[g]}$ 이다.

(2) 3 × 18 = 54, 2 × 27 = 54이므로

$\frac{3달러}{2파운드} = \frac{27달러}{18파운드}$ 이다.

3.3. 비례식 풀기

3.3.1. $a \times n = b$ 형태의 공식의 변수를 풀기

3×n= 15공식에서 n에 알맞은 값을 찾기 위해서 양변을 3으로 나누면 $\frac{3 \times n}{3} = \frac{15}{3}$ 와 같이 된다. $\frac{15}{3}$= 5이므로 $\frac{3}{3} \times n$= 5이다. $\frac{3}{3}$= 1이므로 1×n= 5과 같고 따라서 $n = 5$가 된다.

예 제 [Example]

29. 다음 식의 n의 값을 구하여라.

(1) 16 × n= 80　　(2) 24 × n= 240

(3) 66 = 11 × n　　(4) 143= 13 × n

(5) 16 ×n= 56　　(6) 18.2= 2.6 × n

풀이 (1) 양변을 16으로 나누면 $\frac{16 \times n}{16} = \frac{80}{16}$, $\frac{16}{16} = 1$, $\frac{80}{16} = 5$이므로 n= 5이다.

(2) 양변을 24로 나누면 $\frac{24\times n}{24}=\frac{240}{24}$, $\frac{24}{24}=1$, $\frac{240}{24}=10$이므로 $n=10$이다.

(3) 양변을 11로 나누면 $\frac{66}{11}=\frac{11\times n}{11}$, $\frac{66}{11}=6$, $\frac{11}{11}=1$이므로 $n=6$이다.

(4) 양변을 13으로 나누면 $\frac{143}{13}=\frac{13\times n}{13}$, $\frac{143}{13}=11$, $\frac{11}{11}=1$이므로 $n=11$이다.

(5) 양변을 16으로 나누면 $\frac{16\times n}{16}=\frac{56}{16}$, $\frac{56}{16}=3.5$, $\frac{16}{16}=1$이므로 $n=3.5$이다.

(6) 양변을 2.6으로 나누면 $\frac{18.2}{2.6}=\frac{2.6\times n}{2.6}$, $\frac{18.2}{2.6}=7$, $\frac{2.6}{2.6}=1$이므로 $n=7$이다.

3.3.2. 비례식에서 빠진 수를 찾기

다음과 같은 식에서 n의 값을 찾기 위해서는 $\frac{5}{12}=\frac{n}{144}$, $5\times144=12\times n$과 같으므로 $720=12\times n$이 된다. 양변을 12로 나누면 $\frac{720}{12}=\frac{12\times n}{12}$에서 $n=60$을 구할 수 있게 된다.

$\frac{5}{12}=\frac{60}{144}$에서 $5\times144=720$, $60\times12=720$이므로 정답임을 알 수 있다.

예 제 [Example]

30. 다음 식에서 n의 값을 구하여라.

(1) $\frac{25}{4} = \frac{n}{12}$

(2) $\frac{125}{2} = \frac{150}{n}$

풀이 (1) $25 \times 12 = 4 \times n$에서 $300 = 4 \times n$, 양변을 4로 나누면 $\frac{300}{4} = \frac{4 \times n}{4}$, $n = 75$이다. 정답을 검사하기 위해서 주어진 식에 $n = 75$를 대입하면 $\frac{25}{4} = \frac{75}{12}$이므로, $25 \times 12 = 4 \times 75$, $300 = 300$이므로 $n = 7$이 정답이다.

(2) $125 \times n = 2 \times 150$, $125 \times n = 300$, 양변을 125로 나누면 $\frac{125 \times n}{125} = \frac{300}{125}$, $n = 2.4$이다. 정답을 검사하기 위해서 주어진 식에 $n = 2.4$를 대입하면 $\frac{125}{2} = \frac{150}{2.4}$, $125 \times 2.4 = 2 \times 150$, $300 = 300$이므로 $n = 2.4$가 정답이다.

31. 디젤연료 8[ℓ]에는 5[g]의 부동 첨가제가 들어 있다고 한다. 그러면 디젤연료 12[ℓ]에는 몇 [g]의 부동 첨가제가 들어 있겠는 가 ?

풀이 12[ℓ]의 부동 첨가제를 n이라고 하면 $\frac{n[g]}{12[\ell]} = \frac{5[g]}{8[\ell]}$과 같은 식이 성립된다.

따라서 $8 \times n = 12 \times 5$, $8 \times n = 60$ 양변을 8로 나누면 $\frac{8 \times n}{8} = \frac{60}{8}$ $n = 7.5$이다. 따라서 7.5[g]의 부동 첨가제가 들어 있다.

예 제[Example]

32. 다음 식의 알맞은 n의 값을 구하여라.

$$\frac{141.75[\mathrm{km}]}{4.5[\mathrm{h}]}=\frac{63[\mathrm{km}]}{\mathrm{n}[\mathrm{h}]}$$

풀이 식에서 $141.75 \times n = 63 \times 4.5$, $141.75 \times n = 283.5$에서 양변에 141.75로 나눠주면 $\frac{141.75 \times n}{141.75}=\frac{283.5}{141.75}$이다.

따라서 $n = 2$이다.

4 퍼센트

4.1. 퍼센트의 개념

[1] 분모가 100인 분수를 퍼센트로 나타내기

예 제[Example]

33. 다음을 퍼센트로 쓰시오.

(1) 100명중에서 17명이 왼손잡이이다.

(2) 100권의 도서관 책 중에서 31권이 반납기간이 지났다.

(3) 100명의 남학생 중에서 9명의 키가 180[cm]를 넘는다.

(4) 100명의 대학생 중에서 86명이 최소한 1명 이상의 대학출신의 부모를 갖고 있다.

풀이 (1) $\frac{17}{100}=17[\%]$

(2) $\frac{31}{100}=31[\%]$

(3) $\frac{9}{100}=9[\%]$

(4) $\frac{86}{100}=86[\%]$

예 제 [Example]

34. 다음 물음에 답하시오.

(1) $\frac{386}{100}$을 %로 쓰시오.

(2) 작년 심리학 강의에 등록한 학생은 100명이었다. 올해에는 136명이 등록을 하였다. 작년 등록에 대한 올해 등록비율을 %로 나타내시오.

(3) 20년 전에 4륜 승용차의 타이어 가격이 5만원이었다. 요즈음에는 4륜 승용차의 타이어 가격은 평균 약 20만원이다. 20년 전의 타이어 가격에 대한 요즈음 타이어 가격의 비율을 %로 나타내시오.

풀이 (1) $\frac{386}{100} = 386[\%]$

(2) 비율은 $\frac{\text{올해의 136학생}}{\text{지난해의 100학생}} = \frac{136}{100} = 136[\%]$

(3) 비율은 $\frac{\text{요즈음 타이어 가격 20만원}}{\text{20년전 타이어 가격 5만원}} = \frac{\text{20만원}}{\text{5만원}} = 400[\%]$

35. 다음을 %로 쓰시오.

(1) $\frac{0.9}{100}$

(2) $\frac{0.2}{100}$

(3) $\frac{0.07}{100}$

풀이 (1) $\frac{0.9}{100} = 0.9[\%]$

(2) $\frac{0.2}{100} = 0.2[\%]$

(3) $\frac{0.07}{100} = 0.07[\%]$

[2] 퍼센트를 소수로 나타내기

예를 들어 $\frac{59}{100}$을 %로 나타내면 59[%]이다. 또한 $\frac{59}{100}$을 소수로 나타내면 0.59이므로 59[%]를 소수로 나타내면 0.59이다.

예 제[Example]

36. 다음을 소수로 나타내시오.

(1) 38%　　(2) 6%

(3) 70%　　(4) 26.9%

(5) 158%　　(6) 0.13%

풀이 (1) $38[\%]=\frac{38}{100}=0.38$

(2) $6[\%]=\frac{6}{100}=0.06$

(3) $70[\%]=\frac{70}{100}=0.7$

(4) $26.9[\%]=\frac{26.9}{100}=0.269$

(5) $158[\%]=\frac{158}{100}=1.58$

(6) $0.13[\%]=\frac{0.13}{100}=0.0013$

[3] 소수를 퍼센트로 나타내기

소수 0.38은 $\frac{38}{100}$이므로 %로 나타내면 38[%]가 된다.

예 제[Example]

37. 각 소수를 %로 나타내시오.

(1) 0.47　　(2) 0.08

(3) 6.31　　(4) 0.055

(5) 0.001

풀이 (1) 0.47 = 47[%]

(2) 0.08 = 8[%]

(3) 6.31 = 631[%]

(4) 0.055 = 5.5[%]

(5) 0.001 = 0.1[%]

4.2. 퍼센트와 소수와 분수의 전환

[1] 퍼센트를 분수로 바꾸기

예 제 [Example]

38. 다음 %를 가장 간단한 분수로 쓰시오.

(1) 37[%] (2) 75[%]

(3) 2[%]

풀이 (1) 37[%]= $\frac{37}{100}$

(2) 0.75= $\frac{75}{100} = \frac{3}{4}$

(3) 2[%]= $\frac{2}{100} = \frac{1}{50}$

39. 다음 %를 가장 간단한 형태의 분수로 쓰시오.

(1) 43.5[%] (2) 5.8[%]

(3) 36.75[%]

풀이 (1) 43.5[%]= 0.435= $\frac{435}{1000} = \frac{87}{200}$

(2) 5.8[%]= 0.058= $\frac{58}{1000} = \frac{29}{500}$

(3) 36.75[%]= 0.3675= $\frac{3675}{10000} = \frac{147}{400}$

예 제 [Example]

40. 다음 퍼센트를 대분수로 쓰시오.

(1) 225[%]

(2) 138[%]

풀이 (1) $225[\%] = 2.25 = 2\frac{25}{100} = 2\frac{1}{4}$

(2) $138[\%] = 1.38 = 1\frac{38}{100} = 1\frac{19}{50}$

41. $9\frac{3}{8}[\%]$을 가장 간단한 분수로 쓰시오.

풀이 $9\frac{3}{8}[\%] = \frac{9\frac{3}{8}}{100} = 9\frac{3}{8} \div \frac{100}{1} = \frac{75}{8} \times \frac{1}{100} = \frac{3}{32}$

[2] 분수를 퍼센트로 바꾸기

예 제 [Example]

42. 다음 분수를 %로 바꾸시오.

(1) $\frac{3}{8}$

(2) $\frac{4}{5}$

(3) $\frac{7}{40}$

(4) $\frac{39}{50}$

풀이 (1) $\frac{3}{8} = 0.375 = 37.5[\%]$

(2) $\frac{4}{5} = 0.8 = 80[\%]$

(3) $\frac{7}{40} = 0.175 = 17.5[\%]$

(4) $\frac{39}{50} = 0.78 = 78[\%]$

예 제 [Example]

43. 다음 분수를 %로 쓰고 소수점 둘째자리까지 나타내시오.

(1) $\frac{1}{6}$

(2) $\frac{15}{33}$

풀이 (1) $\frac{1}{6}=0.16666\ldots$이므로 소수점 셋째자리에서 반올림하면 16.67[%]

(2) $\frac{15}{33}=0.4545\cdots=45.45[\%]$

44. $\frac{11}{12}$를 %를 포함시킨 분수로 나타내시오.

풀이

$$\begin{array}{r} 0.91 \\ 12\overline{)11.00} \\ \underline{10\ 8} \\ 20 \\ \underline{12} \\ 8 \end{array}$$ 이므로

$0.91\frac{8}{12}=0.91\frac{2}{3}=91\frac{2}{3}[\%]$

[3] 퍼센트, 소수, 분수의 변환

예 제 [Example]

45. 다음 표의 빈칸을 채워 완성하시오. 분수, 소수, 퍼센트는 같은 수로서 형태가 다른 것이다. 소수는 소수점 넷째 자리까지 구하고, %는 소수점 둘째 자리까지 구하시오.

분수	소수	퍼센트
$\frac{11}{16}$		
	0.265	
		$17\frac{1}{5}$

풀이 $\frac{11}{16} \rightarrow \quad 16\overline{)11.0000}$ 몫 $0.6875 \rightarrow 68.75[\%]$

$0.265 \rightarrow 26.5[\%] \rightarrow \frac{265}{1000} = \frac{53}{200}$

$17\frac{1}{5}[\%] \rightarrow \frac{17\frac{1}{5}}{100}, \quad \frac{86}{5} \div \frac{100}{1} = \frac{86}{5} \times \frac{1}{100}$

$= \frac{86}{500} = \frac{43}{250} = 0.172$

분수	소수	퍼센트
$\frac{23}{99}$		
	0.516	
		$38\frac{4}{5}[\%]$

4.3. 방정식을 사용한 퍼센트

[1] 퍼센트 문제를 방정식으로 표현하기

예 제 [Example]

46. 다음 문제를 방정식으로 표현하여라.

(1) 19.00의 5[%]는 얼마인가 ?

(2) 35의 142[%]는 얼마인가 ?

(3) 400의 0.6[%]는 얼마인가 ?

풀이 (1) $19.00 \times 5[\%] = n$

(2) $35 \times 142[\%] = n$

(3) $400 \times 0.6[\%] = n$

[2] 방정식 풀기

예 제 [Example]

47. 다음 물음에 답하시오.

(1) 590의 45[%]는 얼마인가 ?

(2) 600의 3.8[%]는 얼마인가 ?

(3) 500의 160[%]를 구하시오.

풀이 (1) 방정식을 구하면 590 × 45[%]= n

방정식을 풀면 0.45 × 590= n, n= 265.5이다.

(2) 방정식은 600 × 3.8[%]= n

방정식을 풀면 600 × 0.038[%]=n, n= 22.8이다.

(3) 방정식은 500 × 160[%]= n

방정식을 풀면 500 × 1.6= n, n= 800이다.

48. 다음 물음에 답하시오.

(1) 얼마의 90[%]가 342인가 ?

(2) 얼마의 0.6[%]가 12인가 ?

풀이 (1) 방정식을 만들면 $n \times 90[\%] = 342$, $n \times 0.9 = 342$ 양변을 0.9로 나누면 $\frac{0.9n}{0.9} = \frac{342}{0.9}$, $n = 380$이다.

(2) 방정식을 만들면 $n \times 0.6[\%] = 12$, $n \times 0.006 = 12$ 양변을 0.006으로 나누면 $\frac{0.006n}{0.006} = \frac{12}{0.006}$이므로 $n = 2000$이다.

49. 다음 물음에 답하시오.

(1) 5000의 몇 %가 3.8인가 ?

(2) 90은 20의 몇 %인가 ?

풀이 (1) 방정식을 만들면 5000 × n = 3.8, 5000n= 3.8 양변을 5000으로 나누면 $\frac{5000n}{5000} = \frac{3.8}{5000}$, n= 0.00076, n= 0.076[%]이다.

(2) 방정식을 만들면 90= 20 × n, 90= 20n 양변을 20으로 나누면

$\frac{90}{20}=\frac{20n}{20}$ $4.5=n$, $n=450[\%]$이다.

50. 시카고불스의 스코티 피펜은 최근 경기에서 24개의 슛을 던져서 10개를 성공시켰다. 슛의 성공률은 몇 [%]인가 ?

풀이 방정식을 만들면 $24\times n=10$, 양변을 24로 나누면

$\frac{24n}{24}=\frac{10}{24}$, $n=0.416666...$, $n=41.7[\%]$

4.4. 비율을 사용한 퍼센트

[1] 퍼센트 비례를 사용하여 퍼센트

예 제 [Example]

51. 다음 물음에 답하시오.

(1) 380의 16[%]은 얼마인가 ?

(2) 40의 260[%]을 구하시오.

(3) 얼마의 85[%]가 221인가 ?

(4) 53은 얼마의 0.2[%]인가 ?

(5) 4000의 몇 %가 160인가 ?

(6) 19는 95의 몇 %인가 ?

풀이 (1) 380의 얼마는 16[%]이므로 $\frac{a}{380}=\frac{16}{100}$, $\frac{a}{380}=\frac{4}{25}$

$25\times a=4\times 380$, $25a=1520$

양변을 25로 나누면 $\frac{25a}{25}=\frac{1520}{25}$, $a=60.8$이다.

(2) 40의 얼마는 260[%]이므로 $\frac{a}{40}=\frac{260}{100}$, $\frac{a}{40}=\frac{13}{5}$

$5a=40\times13$, $5a=520$ 양변을 5로 나누면 $\frac{5a}{5}=\frac{520}{5}$

$a=104$이다.

(3) 비례식을 만들면 $\frac{221}{b}=\frac{85}{100}$, $\frac{221}{b}=\frac{17}{20}$

$221\times20= 17\times b$, $4420= 17b$ 양변을 17로 나누면

$\frac{4420}{17}=\frac{17b}{17}$, $b= 260$이다.

(4) 비례식을 만들면 $\frac{53}{b}=\frac{0.2}{100}$이므로 $53\times100= 0.2b$, $5300= 0.2b$,

양변을 0.2로 나누면 $\frac{5300}{0.2}=\frac{0.2b}{0.2}$, $b= 26,500$이다.

(5) 비례식을 만들면 $\frac{160}{4000}=\frac{p}{100}$, $\frac{1}{25}=\frac{p}{100}$, $100=25p$ 양변을 25로 나누면 $\frac{100}{25}=\frac{25p}{25}$, $p= 4$이다.

(6) 비례식을 만들면 $\frac{19}{95}=\frac{p}{100}$, $19\times100= 95p$, $1900= 95p$ 양변을 95로 나누면 $\frac{1900}{95}=\frac{95p}{95,}$ $p= 20$이다.

5 기하

5.1. 사각형과 제곱

[1] 직사각형과 정사각형의 둘레 계산

직사각형의 둘레(P)는 길이(L)의 두 배와 너비(W)의 두 배의 합이다.

$$P = 2L + 2W$$

예 제 [Example]

52. 길이가 3[cm] 너비가 5.5[cm]인 직사각형의 둘레의 길이는 얼마인가?

풀이 $P = 2L + 2W = 2 \times 3 + 2 \times 5.5$

$= 6 + 11 = 17[cm]$

53. 한 변의 길이가 8.6[m]인 정사각형의 둘레의 길이는 얼마인가 ?

풀이 $P = 4S = 4 \times 8.6 = 34.4[m]$

[2] 직사각형이나 정사각형으로 이루어진 도형의 둘레의 길이 계산

예 제 [Example]

54. 이 도형의 둘레의 길이는 얼마인가 ?

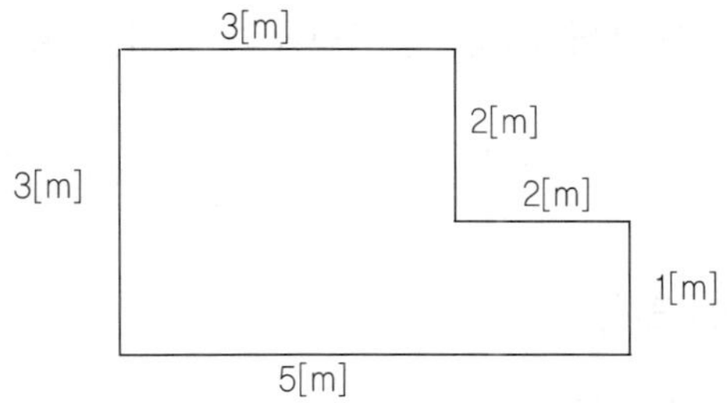

풀이 $5 + 3 + 3 + 2 + 2 + 1 = 16[m]$

[3] 직사각형과 정사각형의 넓이 계산

직사각형의 넓이(A)는 길이(L)와 너비(W)의 곱이다.

$A = LW$

예 제 [Example]

55. 길이가 19[m]이고, 너비가 7[m]인 직사각형의 넓이는 얼마인가 ?

풀이 $A = LW = 19[m] \times 7[m] = 133[m^2]$

56. 다음 도형의 넓이는 얼마인가 ?

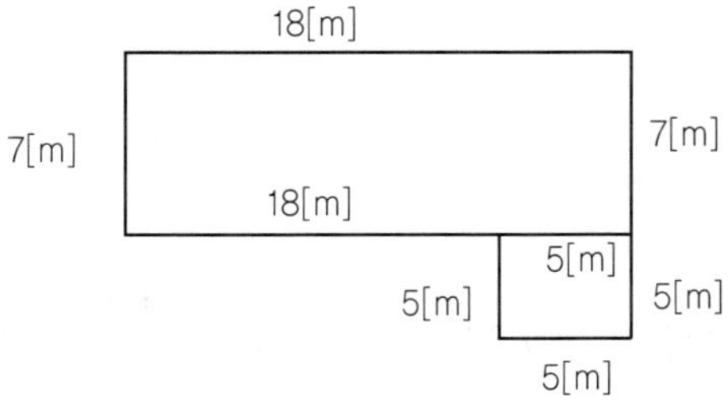

풀이 직사각형의 넓이 = $7 \times 18 = 126[m^2]$

정사각형의 넓이 = $5 \times 5 = 25[m^2]$이므로

$126 + 25 = 151[m^2]$이다.

57. 한 변의 길이가 9.6[cm]인 정사각형의 넓이는 얼마인가 ?

풀이 $A = S^2 = 9.6^2 = 92.16[cm^2]$

5.2. 평행사변형과 사다리꼴

[1] 평행사변형의 둘레와 넓이 계산

평행사변형의 둘레는 네 개의 변의 길이의 합이다.

예 제 [Example]

58. 다음 평행사변형의 둘레는 얼마인가 ?

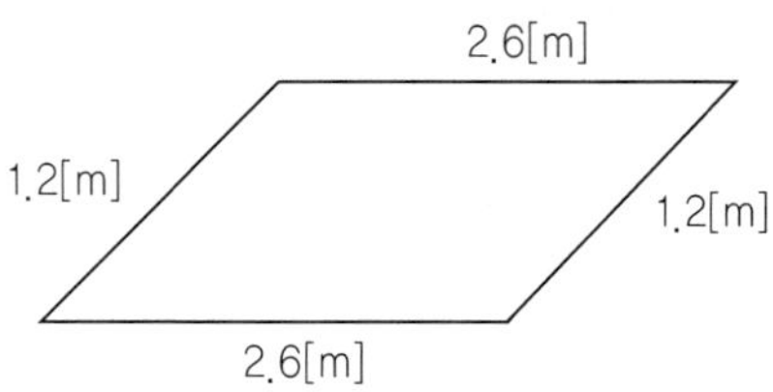

풀이 $P = 2 \times 1.2 + 2 \times 2.6 = 7.6[m]$

평행사변형의 넓이(A)는 밑변(B)과 높이(H)의 곱이다.

$$A = BH$$

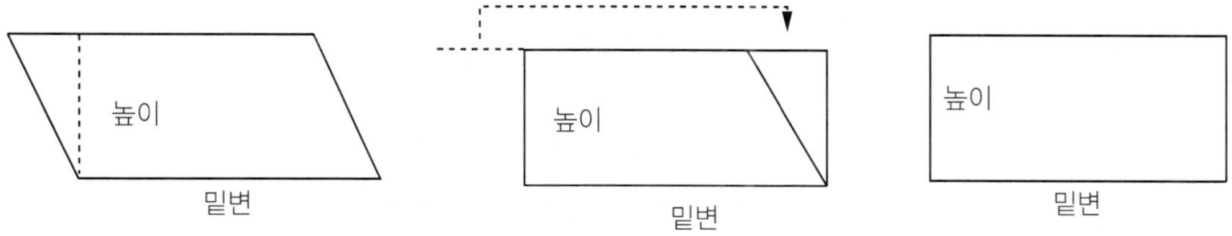

예 제 [Example]

59. 다음 평행사변형의 밑변이 7.5[m]이고 높이가 3.2[m]이다. 넓이는 얼마인가 ?

풀이 $A = BH = 7.5[m] \times 3.2[m] = 24[m^2]$

[2] 사다리꼴의 둘레와 넓이 계산

사다리꼴의 둘레는 4변의 길이의 합이다.

예 제 [Example]

60. 다음 사다리꼴의 둘레는 얼마인가 ?

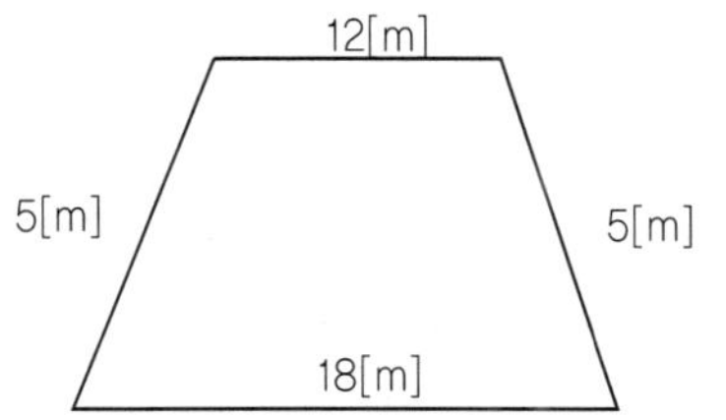

풀이 $P = 12[m] + 5[m] + 18[m] + 5[m] = 40[m]$

사다리꼴의 넓이(A), 높이(h), 짧은 변(b), 긴 변(B)이라고 할 때 다음 식과 같다.

$$A = \frac{h(b+B)}{2}$$

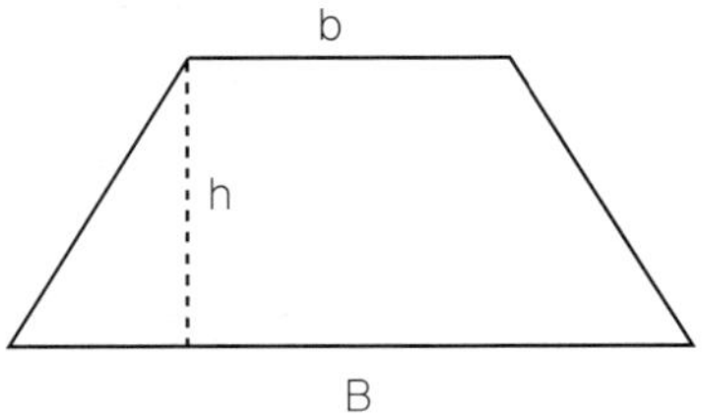

예 제 [Example]

61. 다음 사다리꼴의 넓이는 얼마인가 ?

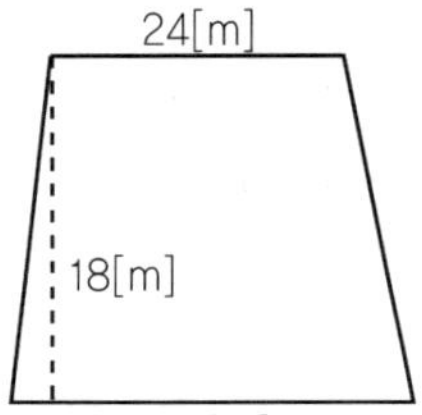

풀이 $A = \frac{h(b+B)}{2} = \frac{18(24+30)}{2}$

$$= \frac{18[m] \times 54[m]}{2} = \frac{972}{2}[m^2] = 486[m^2]$$

62. 다음 도형의 면적을 구하여라.

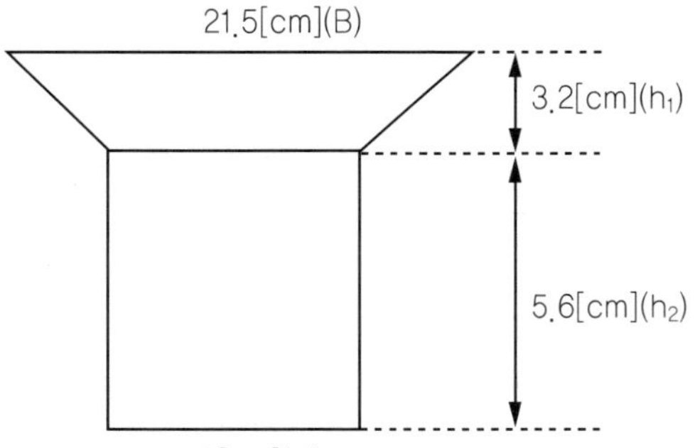

풀이 도형을 사다리꼴과 직사각형으로 나누어 생각하면

사다리꼴의 면적은

$$= \frac{h_1(b+B)}{2} = \frac{3.2(12+21.5)}{2} = \frac{3.2[cm]\times 33.5[cm]}{2}$$

$$= \frac{107.2}{2}[cm^2] = 53.6[cm^2]$$

직사각형 면적은 $bh_2 = 12[cm]\times 5.6[cm] = 67.2[cm^2]$

이므로 전체도형의 면적은 53.6 + 67.2= 120.8[cm^2]이다.

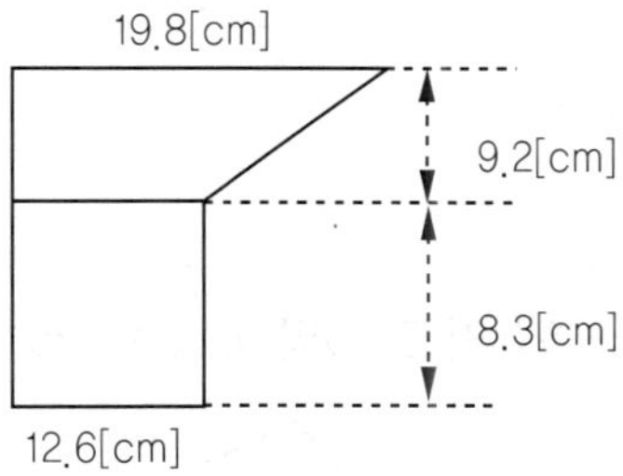

5.3. 부채꼴과 삼각형

[1] 삼각형이나 사변형에서의 각도

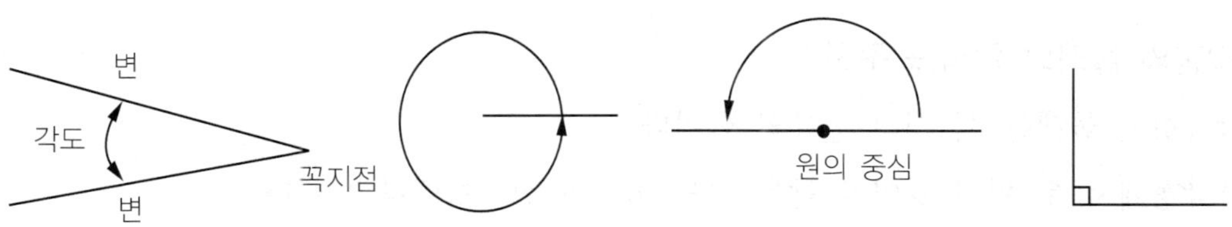

1바퀴 = 360°　　반바퀴 = 180°　　1/4 바퀴 = 90°

사각형에는 4개의 각도가 있으며 4개 모두 90°이다.

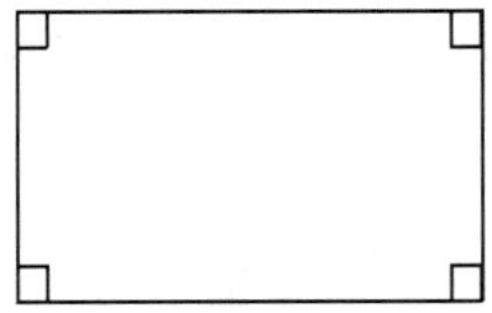

삼각형에는 3개의 각도가 있으며 3개 각도의 합은 언제나 180°이다.

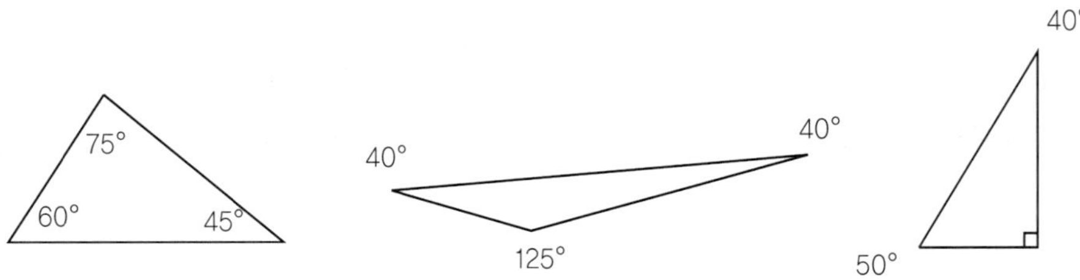

예 제 [Example]

63. 각 A의 각도는 35° 이고, B의 각도는 95° 이다. C의 각도는 얼마인가?

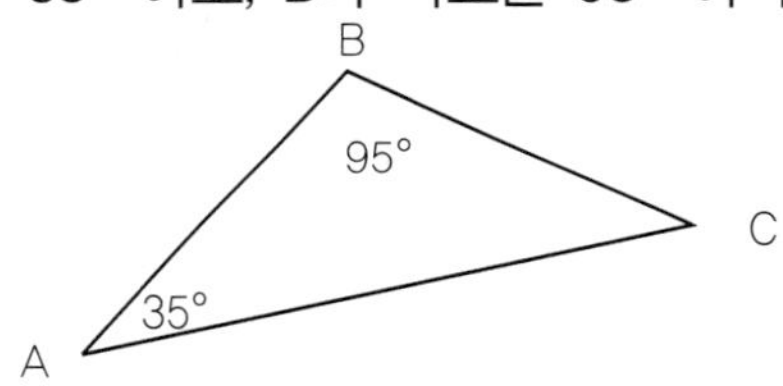

풀이 $35 + 95 + x = 180,\ 130 + x = 180$

$x = 50$이므로 C의 각도는 50° 이다.

[2] 삼각형의 둘레와 면적을 구하기

① 삼각형의 둘레는 세 개의 선분의 합이다.

② 삼각형에서 두 변의 길이가 같은 것을 이등변 삼각형이라고 한다.

③ 삼각형에서 세 변의 길이가 같은 것을 정삼각형이라고 하며 세 각도의 크기는 모두 60°이다.

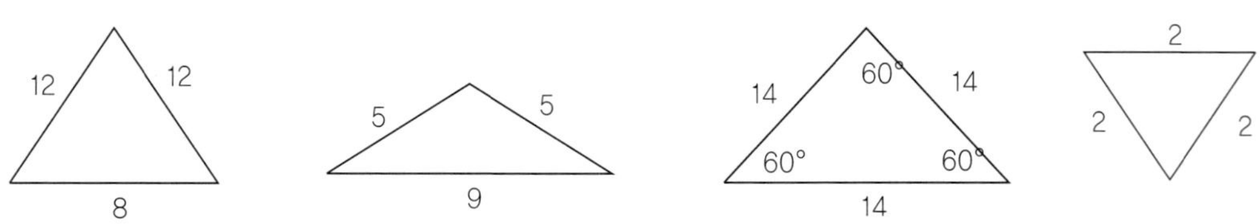

예 제 [Example]

64. 삼각형의 세 변의 길이가 각 6[cm], 5[cm], 8[cm]이라면 삼각형의 둘레는 얼마인가 ?

풀이 $P = 6[cm] + 5[cm] + 8[cm] = 19[cm]$

65. 정삼각형의 한 변의 길이가 12[cm]이라면 이 삼각형의 둘레는 얼마인가 ?

풀이 $P = 12[cm] + 12[cm] + 12[cm] = 36[cm]$

④ 삼각형의 넓이(A)는 밑변(b)과 높이(h)의 곱을 2로 나눈 것이다.

$$A = \frac{bh}{2}$$

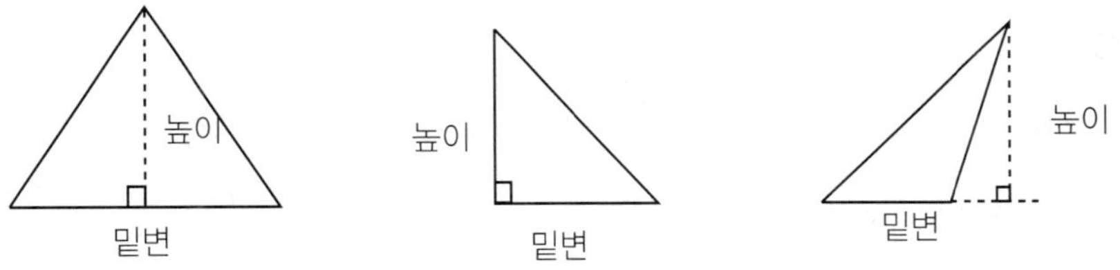

예 제 [Example]

66. 다음 삼각형의 넓이를 구하여라.

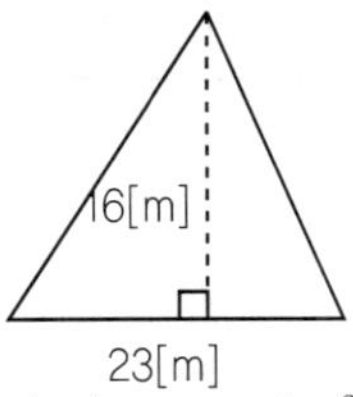

풀이 $A = \frac{bh}{2} = \frac{23[m] \times 16[m]}{2} = \frac{368[m^2]}{2} = 184[m^2]$

67. 삼각형의 밑변이 18[mm]이고 높이가 15[mm]인 삼각형의 넓이는 얼마인가 ?

풀이 $A = \frac{bh}{2} = \frac{18[mm] \times 15[mm]}{2} = \frac{270[mm^2]}{2} = 135[mm^2]$

5.4. 제곱근

5.4.1. 제곱근의 이해

정사각형의 면적을 구하는 식은 $A = s^2$이다. 한 변의 길이가 3[m]인 정사각형의 넓이는 3 × 3= 9[m^2]이다. 만약에 넓이가 64[m^2]인 정사각형의 한 변의 길이는 8[m]이다. 이를 제곱근이라고 하고'$\sqrt{\ }$'로 표시한다. 즉 64의 제곱근은 8이고 9의 제곱근은 3이다. 또한 $\sqrt{64} = 8$, $\sqrt{9} = 3$이다. 즉, 제곱하여 양의 정수나 0이 되는 수. 예를 들면 $x^2 = m$ $(m \geqq 0)$을 만족하는 x를 m의 제곱근이라 한다.

예 제 [Example]

68. 다음 제곱근을 구하여라.

(1) $\sqrt{25}$

(2) $\sqrt{121}$

(3) $\sqrt{25} + \sqrt{36}$

풀이 (1) $\sqrt{25} = 5$

(2) $\sqrt{121} = 11$

(3) $\sqrt{25} + \sqrt{36} = 5+6 = 11$

다음 빈칸을 채우시오.

n	1	2	3	4	5	6	7	8	9	10	11	12	13	14	15
n^2	1	4	9	16										196	225

5.4.2. 제곱근의 근사값

정수의 제곱근을 구하면 아래 표와 같다. 정확하게 떨어지지 않는 값은 소수 셋째자리까지의 근사값을 구하면 다음과 같다.

n	$\sqrt{n}$	n	$\sqrt{n}$
1	1.000	8	2.828
2	1.414	9	3.000
3	1.732	10	3.162
4	2.000	11	3.317
5	2.236	12	3.464
6	2.449	13	3.606
7	2.646	14	3.742

예 제 [Example]

69. 다음 제곱근의 근사값을 적으시오. 단 소수점 이하 셋째자리까지 구하시오.

(1) $\sqrt{2}$　　(2) $\sqrt{12}$　　(3) $\sqrt{7}$

풀이 (1) $\sqrt{2} \approx 1.414$

(2) $\sqrt{12} \approx 3.464$

(3) $\sqrt{7} \approx 2.6446$

5.4.3. 제곱근의 성질

- $(\sqrt{2^2}) = |a| = \begin{cases} a & (a \geqq 0 \text{ 일 때}) \\ -a & (a < 0 \text{ 일 때}) \end{cases}$
- $\sqrt{a}\,\sqrt{b} = \sqrt{a \cdot b}$　　$(a \geqq 0,\ b \geqq 0$ 일 때$)$
- $\dfrac{\sqrt{a}}{\sqrt{b}} = \sqrt{\dfrac{a}{b}}$　　$(a \geqq 0,\ b > 0$ 일 때$)$
- $\sqrt{k^2 a} = k\sqrt{a}$　　$(a \geqq 0,\ k \geqq 0$ 일 때$)$

예 제 [Example]

70. 다음 식을 간단히 하라.

(1) $\sqrt{2} \times \sqrt{3}$

(2) $\sqrt{6} \div \sqrt{3}$

(3) $\sqrt{32} \times \sqrt{2}$

(4) $\sqrt{5} \div \sqrt{12}$

풀이 (1) $\sqrt{2} \times \sqrt{3} = \sqrt{2 \times 3} = \sqrt{6}$

(2) $\sqrt{6} \div \sqrt{3} = \sqrt{6 \div 3} = \sqrt{2}$

(3) $\sqrt{32} \times \sqrt{2} = \sqrt{64} = 8$

(4) $\sqrt{5} \div \sqrt{12} = \sqrt{\frac{5}{12}}$

5.5. 피타고라스의 정리

[1] 직각삼각형의 두 변의 길이가 주어졌을 때 빗변의 길이를 구하는 방법

(1) 피타고라스의 정리

직각삼각형의 두 변을 각각 a, b이라고 할 때, 빗변의 길이는 다음과 같다.

$$\text{빗변}^2 = a^2 + b^2,\ \text{또는}\ \text{빗변} = \sqrt{a^2 + b^2}$$

예를 들어 두 변의 길이가 각각 3, 4이고 빗변의 길이가 5인 직각삼각형에서 $5^2 = 3^2 + 4^2$, 25= 9 + 16, 25= 25이므로 위의 공식이 성립한다.

예 제 [Example]

71. 다음 직각삼각형의 빗변의 길이를 구하여라.

(1) a = 5, b = 12

(2) a = 8, b = 15

(3) a = 4, b = 5

풀이 (1) 빗변 $= \sqrt{a^2+b^2} = \sqrt{5^2+12^2} = \sqrt{25+144} = \sqrt{169} = 13$

(2) 빗변 $= \sqrt{a^2+b^2} = \sqrt{8^2+15^2} = \sqrt{64+225} = \sqrt{289} = 17$

(3) 빗변 $= \sqrt{a^2+b^2} = \sqrt{4^2+5^2} = \sqrt{16+25} = \sqrt{41}$

[2] 직각삼각형의 b와 빗변의 길이가 주어졌을 때 a의 길이를 구하는 방법

$a^2 = \text{빗변}^2 - b^2$ 또는 $a = \sqrt{\text{빗변}^2 - b^2}$

예 제 [Example]

72. 다음 직각삼각형의 a의 길이를 구하여라.

(1)

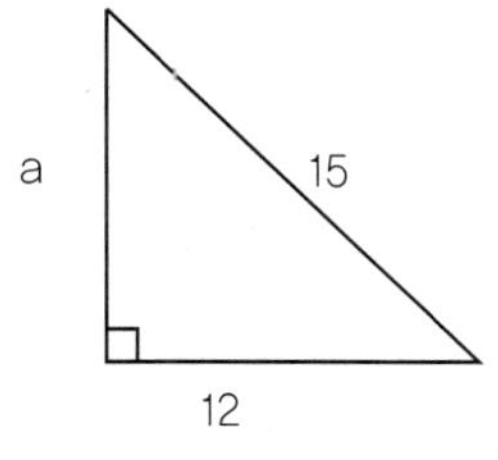

(2)

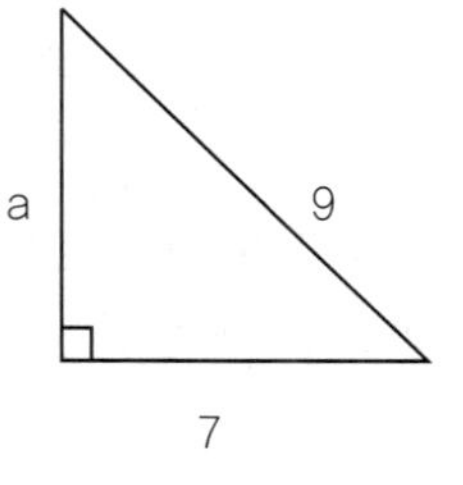

풀이 (1) $a = \sqrt{15^2-12^2} = \sqrt{225-144} = \sqrt{81} = 9$[cm]

(2) $a = \sqrt{9^2-7^2} = \sqrt{81-49} = \sqrt{32}$[cm]

[3] 피타고라스 정리를 이용한 응용문제

예 제 [Example]

73. 비행기가 a지점에서 동쪽으로 13[km] 날아 간 후 다시 남쪽으로 5[km] 날아가서 c지점에 도착하였다. 그러면 a지점에서 c지점까지 직선거리는 얼마인가 ?

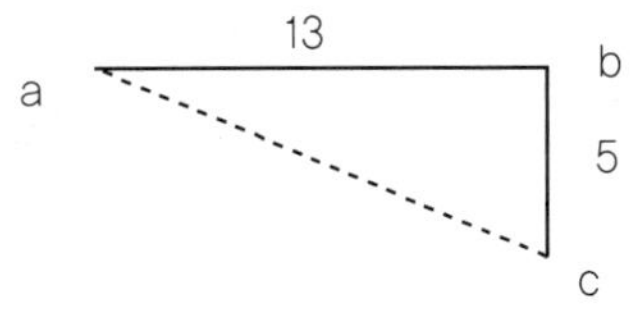

풀이 $\overline{ac} = \sqrt{13^2 + 5^2} = \sqrt{169 + 25} = \sqrt{194} \approx 13.928[\text{km}]$

74. 25[m] 사다리가 빌딩의 22[m] 높이에 걸쳐있다. 지면에서 건물부터 사다리까지의 거리는 얼마인가 ? 소수점 첫째자리까지 구하여라.

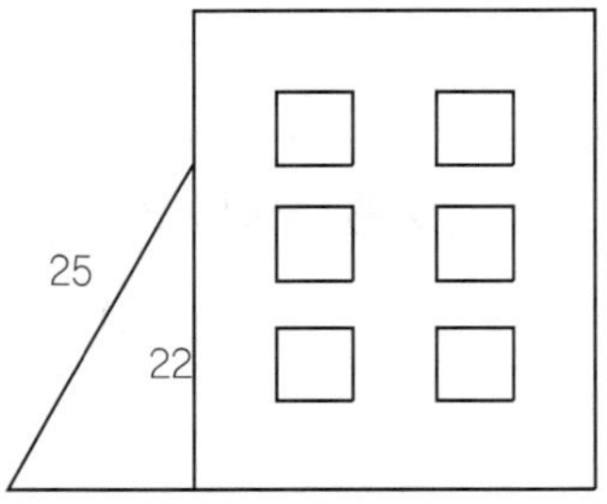

풀이 밑변 $= \sqrt{25^2 - 22^2} = \sqrt{625 - 484} = \sqrt{141} \approx 11.874[\text{m}]$

밑변은 11.9[m]이다.

5.6. 원

[1] 원의 둘레와 면적을 구하기

지름 = 2 × 반지름(d= 2 × r)

반지름 = 지름 ÷ 2(r = d ÷ 2)

π는 원의 둘레를 지름으로 나누어준 값으로 약 3.14159265359이다. 따라서 원의 둘레(C)는 원의 지름(d)와 π의 곱으로 계산할 수 있다.

$$C = d \times \pi$$

예 제 [Example]

75. 다음 원의 둘레를 구하여라. 단 $\pi = 3.14$로 하고 소수점 첫째자리까지 구하라.

(1) 지름 = 2.4[cm]　　　　(2) 반지름 = 1.05[cm]

풀이 (1) $C = d\pi = 2.4 \times 3.14 = 7.536[cm]$, 원의 둘레 = 7.5[cm]

(2) $C = d\pi = 2\pi r = 2 \times 3.14 \times 1.05 = 6.594[cm]$

원의 둘레 = 6.6[cm]

76. 자전거 타이어의 지름이 24[cm]일 때 자전거 휠이 1바퀴 회전하면 자전거는 몇 [m] 전진하는가 ?

풀이 $C = \pi d = 3.14 \times 24[cm] = 75.36[cm]$

$$75.35[cm] \times \frac{1[m]}{100[cm]} = 0.7536[m]$$

따라서 0.7536[m] 전진한다.

원의 면적(A)는 반지름의 제곱에 π을 곱하여 계산한다.

$$A = \pi r^2$$

예 제 [Example]

77. 다음 원의 면적을 계산하여라. 근사값은 소수점 첫째자리까지 구하라.

(1) 반지름이 6[cm]

(2) 지름이 18[m]

풀이 (1) $A = \pi \times r^2 = 3.14 \times (6[cm])^2 = 3.14 \times 36[cm^2]$

$= 113.04[cm^2] = 113.0[cm^2]$

(2) $r = \frac{d}{2} = \frac{18}{2} = 9$,

$A = \pi \times r^2 = 3.14 \times (9[m])^2 = 3.14 \times 81[m^2]$

$= 254.34[m^2] = 254.3[m^2]$

[2] 원이 포함된 도형의 문제 풀기

예 제 [Example]

78. 다음 도형의 빗금친 부분의 면적을 계산하여라. 소수점 첫째자리까지 구하라.

(1) (2)

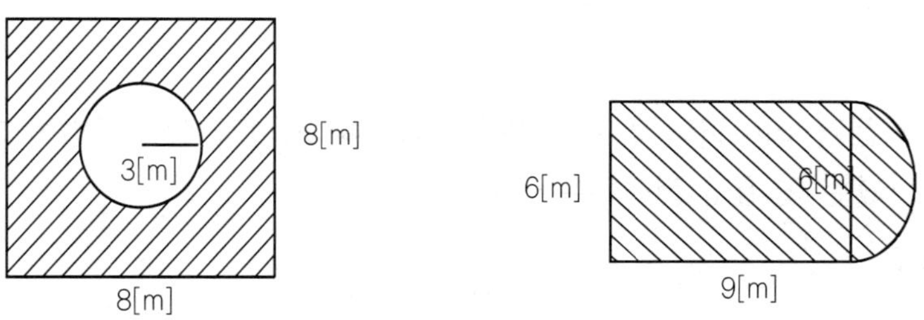

풀이 빗금친 도형의 면적 = 정사각형의 면적 − 원의 면적

$= (8[m])^2 - 3.14 \times (3[m])^2$

$= 64[m^2] - 28.26[m^2] = 35.74[m^2] = 35.7[m^2]$

(2) 빗금친 도형의 면적 = 직사각형의 면적 + 원의 면적/2

$= 6[m] \times 9[m] + 3.14 \times (3[m])^2/2$

$= 54[m^2] + 14.13[m^2] = 68.13[m^2] = 68.12[m^2]$

5.7. 체적

5.7.1. 직육면체의 부피 구하기

직육면체의 부피(V)는 길이(L)와 너비(w)의 곱에다 높이(h)를 곱하여 계산한다.

$$V = Lwh$$

예 제[Example]

79. 길이 3[m], 너비 2[m], 높이 4[m]인 직육면체의 부피는 얼마인가 ?

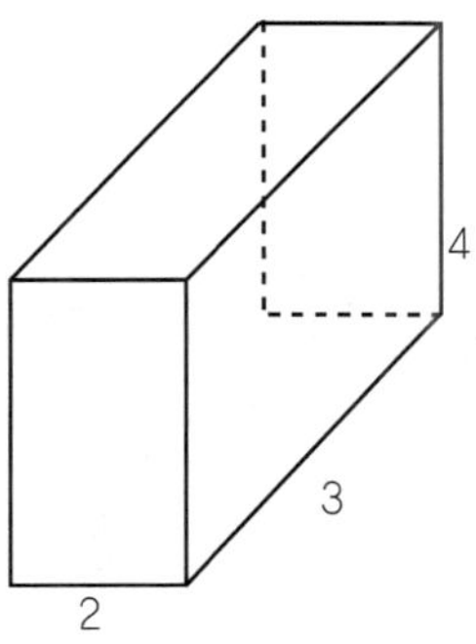

풀이 $V = lwh = 3[m] \times 2[m] \times 4[m] = 24[m^3]$

5.7.2. 실린더의 부피 구하기

실린더의 부피(V)는 원의 면적(πr^2)과 높이(h)의 곱이다.

$$V = \pi r^2 h$$

예 제 [Example]

80. 반지름이 3[cm], 높이가 7[cm]인 실린더의 부피를 소수점 첫째자리까지 계산하라.

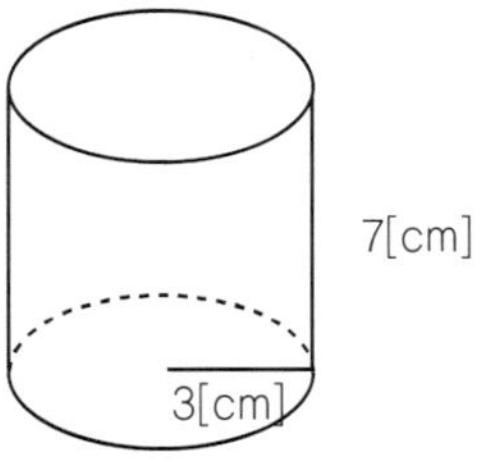

풀이 $V=\pi rh= 3.14\times(3[\mathrm{cm}])^2\times7[\mathrm{cm}]= 197.82[\mathrm{cm}^3]$

5.7.3. 구의 부피 구하기

구의 부피(V)는 4 곱하기 π곱하기 반지름(r)의 3승 나누기 3이다.

$$V=\frac{4\pi r^3}{3}$$

예 제 [Example]

81. 반지름이 3[m]인 구의 부피를 소수점 첫째자리까지 구하라.

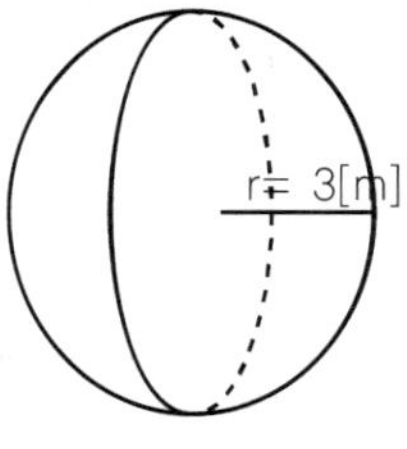

풀이 $V=\frac{4\pi r^3}{3}=\frac{4\times3.14\times(3[\mathrm{m}])^3}{3}= 113.04[\mathrm{m}^3]= 113.0[\mathrm{m}^3]$

5.7.4. 원뿔의 부피 구하기

원뿔의 부피(V)는 π곱하기 반지름(r)의 제곱 곱하기 높이(h) 나누기 3이다.

$$V=\frac{\pi r^2 h}{3}$$

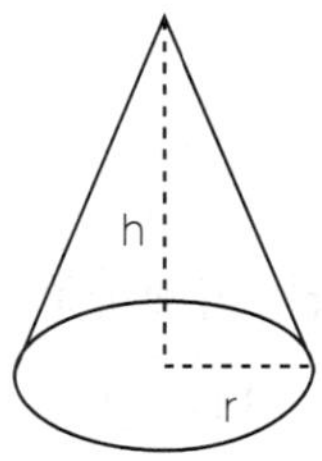

예 제 [Example]

81. 반지름이 7[m]이고 높이가 9[m]인 원뿔의 부피를 소수점 첫째자리까지 구하라.

풀이 $V=\frac{\pi r^2 h}{3}=\frac{3.14\times(7[\mathrm{m}])^2\times 9[\mathrm{m}]}{3}=461.58[\mathrm{m}^3]$

$=461.6[\mathrm{m}^3]$

5.7.5. 피라미드의 부피 구하기

피라미드의 부피(V)는 밑변의 넓이(B) 곱하기 높이(h) 나누기 3이다.

$$V=\frac{Bh}{3}$$

예 제 [Example]

82. 다음 피라미드의 부피를 구하라. 밑변의 길이 7[m], 밑변의 너비 5[m], 높이가 6[m]이다.

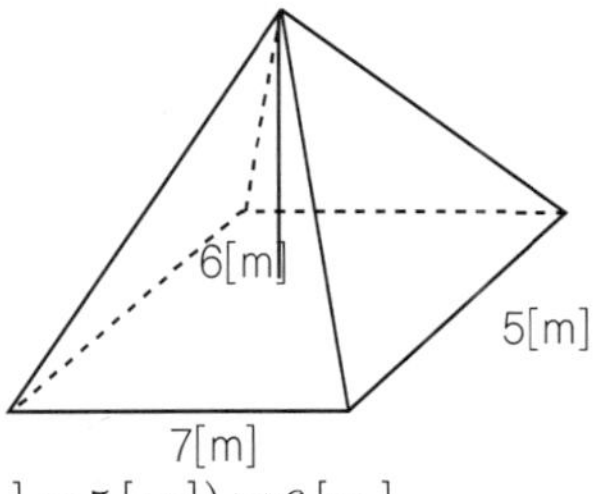

풀이 $V=\frac{Bh}{3}=\frac{(7[\mathrm{m}]\times 5[\mathrm{m}])\times 6[\mathrm{m}]}{3}=70[\mathrm{m}^3]$

6 1차 방정식

6.1. 변수와 동류항

6.1.1. 식 또는 방정식에 있는 변수

대수학에서는 기호를 이용하여 문제를 이해하고 해를 구한다. 여기서 기호가 바로 변수이며, 통상 수를 의미하는 알파벳으로 나타낸다. 우선 변수가 의미하는 수를 모르더라도 변수를 사용하여 해를 구하는 대수학적 법칙을 따라 논리적인 단계를 거쳐 변수가 의미하는 수를 구하게 된다.

원의 면적을 구하는 식은, $A=\pi r^2$, 두 개의 변수가 있다. A는 면적을, r은 반경을 나타내고, π는 알고 있는 값이다.

예 제 [Example]

83. 다음 식에서 변수를 지정하라.

(1) $A=l\,w$

(2) $p=2\,w+2\,l$

(3) $V=\dfrac{4\pi\,r^3}{3}$

풀이 (1) $A=l\,w$에서 변수는 A, l, w

(2) $p=2\,w+2\,l$ 에서 변수는 p, w, l

(3) $V=\dfrac{4\pi\,r^3}{3}$에서 변수는 V, r

[실전문제 01] 다음 식에서 변수를 지정하라.

(1) $A=\dfrac{b\,h}{2}$

(2) $C=\pi\,d$

(3) $V=l\,w\,h$

예 제 [Example]

84. 다음 식을 곱셈기호가 없는 식으로 다시 쓰시오.

(1) $V=\dfrac{B\times h}{3}$

(2) $A=\dfrac{h\times(B+b)}{2}$

풀이 (1) $V=\dfrac{B\times h}{3}=\dfrac{Bh}{3}$

(2) $A=\dfrac{h\times(B+b)}{2}=\dfrac{h(B+b)}{2}$

[실전문제 02] 다음 식을 곱셈기호가 없는 식으로 다시 쓰시오.

(1) $p=2\times w+2\times l$

(2) $A=\pi\times r^2$

6.1.2. 동류항으로 묶기

변수를 사용하는 식에서는 같은 변수끼리만 덧셈과 뺄셈이 가능하다. 항은 숫자, 변수 또는 숫자와 변수가 곱해진 형태이다. 예를 들면, 식 $2x+4y+(-1)$에서 항은 각각 $2x,\ 4y,\ -1$로서 세 개가 되며, -1을 상수항이라 부른다.

동류항이라 함은 변수가 같고, 변수의 지수도 같은 항을 말한다. 예를 들면, 식 $3x+4y+(-2x)$에서 $3x$와 $-2x$가 서로 동류항이다. 또한 $2x^2y$와 $5xy$는 동류항이 아니다. 동류항끼리 계산을 할 때 변수 앞에 곱해진 숫자를 계수라 하며 숫자도 함께 사칙연산에 의해 계산된다.

예 제 [Example]

85. $5x+7x$를 정리하시오.

풀이 $5x+7x=12x$

[실전문제 03] $9x+2x$를 정리하시오.

예 제 [Example]

86. 다음 식을 동류항끼리 정리하시오.

(1) $14x-20x$

(2) $3x+7x-15x$

(3) $9x-12x-11x$

풀이 (1) $14x-20x=14x+(-20x)=-6x$

(2) $3x+7x-15x=3x+7x+(-15x)=-5x$

(3) $9x-12x-11x=9x+(-12x)+(-11x)=-14x$

[실전문제 04] 다음 식을 동류항끼리 정리하시오.

(1) $26x-18x$

(2) $8x-22x+5x$

(3) $19x-7x-12x$

예 제 [Example]

87. 다음 식을 동류항끼리 정리하시오.

(1) $3-10x+5-18x$

(2) $7.8-2.3x+9.6x-10.8$

풀이 (1) $3-10x+5-18x=3+5-10x-18x=-28x+8$

(2) $7.8-2.3x+9.6x-10.8=7.8-10.8-2,3x+9.6x$

$=7.3x-3$

[실전문제 05] 다음 식을 동류항끼리 정리하시오.

(1) $-8+2x-9-15x$

(2) $17.5-6.3x-8.3x+10.5$

예 제 [Example]

88. 다음 식을 동류항끼리 정리하시오.

(1) $5x+2y+8-6x+3y-4$

(2) $2n+p+q-8n+5p-6q$

풀이 (1) $5x+2y+8-6x+3y-4=5x-6x+2y+3y+8-4$

$=-x+5y+4$

(2) $2n+p+q-8n+5p-6q=2n-8n+p+5p+q-6q$

$=-6n+6p-5q$

[실전문제 06] 다음 식을 동류항끼리 정리하시오.

(1) $2w+3z-12-5w-z-16$

(2) $-3a+2b+c-7a-5b-2c$

6.2. 1차 방정식

6.2.1. 합의 법칙과 곱의 법칙을 이용한 1차 방정식

문자식을 포함한 일차방정식에 대해서 공부한다. 예를 들면, $x+5=13$의 등식을 만족하는 x의 값을 구하고자 할 때 x에 8을 대입하면 이 등식은 양변의 값이 같아지므로 성립한다. 이 때 $x=8$이 이 1차 방정식의 해가 된다. 1차 방정식의 해를 구하는 과정을 요약하면 다음과 같다.

[1] 방정식과 해

(1) x에 관한 방정식

x의 값에 따라 참이 되기도 하고 거짓이 되기도 하는 등식

(2) 미지수

방정식에 들어 있는 문자 x

(3) 근(해)

방정식을 참이 되게 하는 x의 값

[2] 등식의 성질($a=b$일 때)

① 등식의 양변에 같은 수를 더하거나, 빼도 등식은 성립한다.

$$a+c=b+c, \qquad a-c=b-c$$

② 등식의 양변에 같은 수를 곱하거나, 0이 아닌 수를 나누어도 등식은 성립한다.

$$ac=bc, \qquad \frac{a}{c}=\frac{b}{c} \ (\text{단},\ c\neq 0)$$

③ 이항 : 방정식을 풀 때는 미지수가 포함되어 있는 항은 좌변으로, 상수항은 우변으로 이항하여 계산한다.

예 제 [Example]

89. 1차 방정식 $3x+18=27$의 해를 구하시오.

풀이 좌변의 숫자 18을 우변으로 넘기기 위해서 양변에 같은 수 (−18)을 더한다.

$$3x+18+(-18)=28+(-18)$$

$$3x=9$$

변수 x의 계수를 1로 만들기 위해서 양변을 같은 수 3으로 나눈다.

$$\frac{3x}{3}=\frac{9}{3}$$

$x=3$이 된다.

여기서 3을 위 1차 방정식의 근 또는 해라 한다.

[실전문제 07] 1차 방정식 $5x+13=33$의 해를 구하시오.

예 제 [Example]

90. 1차 방정식 $9x-5=-41$의 해를 구하시오.

풀이 좌변의 숫자 (−5)를 우변으로 넘기기 위해서 양변에 같은 수 5를 더한다.

$9x-5+5=-41+5$

$9x=-36$

변수 x의 계수를 1로 만들기 위해서 양변을 같은 수 9로 나눈다.

$\frac{9x}{9}=\frac{-39}{9}$

$x=-4$이 된다.

여기서 −4를 위 1차 방정식의 근 또는 해라 한다.

[실전문제 08] 1차 방정식 $7x-8=-50$의 해를 구하시오.

6.2.2. 양변에 변수가 있는 경우의 1차 방정식

양변에 모두 변수가 있는 1차 방정식의 해를 구하는 과정도 앞의 과정과 같다. 즉, 양변에 같은 숫자를 더하거나 빼도 등식이 성립하고, 곱하거나 나누어도(0이 아닌 숫자) 등식이 성립하는 것과 같이 숫자 대신 문자를 더하거나 빼도 등식이 성립하고, 곱하거나 나누어도 등식이 성립한다.

예 제 [Example]

91. 1차 방정식 $8x=5x-21$의 해를 구하시오.

풀이 우변의 변수 $5x$을 좌변으로 넘기기 위해서 양변에$(-5x)$를 같이 더한다.

$8x+(-5x)=5x-21+(-5x)$

$3x=-21$

변수 x의 계수를 1로 만들기 위해서 양변을 같은 수 3으로 나눈다.

$\frac{3x}{3}=\frac{-21}{3}$

$x=-7$이 된다.

여기서 −7을 위 1차 방정식의 근 또는 해라 한다.

[실전문제 09] 1차 방정식 $4x = -8x + 42$의 해를 구하시오.

예 제 [Example]

92. 1차 방정식 $2x + 9 = 5x - 3$의 해를 구하시오.

풀이 좌변의 숫자 9를 우변으로 넘기기 위해서 양변에 (−9)를 같이 더한다.

$2x + 9 + (-9) = 5x - 3 + (-9)$

$2x = 5x - 12$

우변의 문자 $5x$를 좌변으로 넘기기 위해서 양변에$(-5x)$를 같이 더한다.

$2x + (-5x) = 5x + (-5x) - 12$

$-3x = -12$

변수 x의 계수를 1로 만들기 위해서 양변을 같은 수 (−3)으로 나눈다.

$$\frac{-3x}{-3} = \frac{-12}{-3}$$

$x = 4$이 된다.

여기서 4를 위 1차 방정식의 근 또는 해라 한다.

[실전문제 10] 1차 방정식 $4x - 7 = 9x + 13$의 해를 구하시오.

예 제 [Example]

93. 다음의 1차 방정식의 해를 구하시오.

(1) $-5 + 2y + 8 = 7y + 23$

(2) $9z + 3 - 2x = 18 + 4z - 4$

풀이 (1) 먼저 양변에 동류항이 있으므로 동류항부터 정리한다.

$-5 + 2y + 8 = 7y + 23$ 에서

$2y + 3 = 7y + 23$

우변의 변수 $7y$를 좌변으로 넘기기 위해서 양변에 $(-7y)$를 같이 더한다.

$2y+(-7y)+3=7y+(-7y)+23$

$-5y+3=23$

좌변의 상수 3을 우변으로 넘기기 위해서 양변에 (-3)을 같이 더한다.

$-5y+3+(-3)=23+(-3)$

$-5y=20$

변수 x의 계수를 1로 만들기 위해서 양변을 같은 수 (-5)으로 나눈다.

$\frac{-5y}{-5}=\frac{20}{-5}$

$y=-4$이 된다.

여기서 −4를 위 1차 방정식의 근 또는 해라 한다.

[실전문제 11] 다음의 1차 방정식의 해를 구하시오.

(1) $4x-23=3x+7-2x$

(2) $7y-5+2y=2+3y+7$

예 제 [Example]

94. 1차 방정식 $2(x+3)=5x-8+10x$의 해를 구하시오.

풀이 $2x+6=5x-8+10x$ --- 분배법칙을 이용하여 괄호를 없앤다.

$2x+6=15x-8$ --- 양변에 동류항이 있을 때 동류항부터 정리한다.

$2x+6+(-6)=15x-8+(-6)$ --- 양변에 같은 수 (-6)을 더한다.

$2x=15x-14$

$2x+(-15x)=15x-14+(-15x)$--- 양변에 같은 문자$(-15x)$을 더한다.

$-13x = -14$

$\frac{-13x}{-13} = \frac{-14}{-13}$ --- 양변을 같은 수 (-13)으로 나눈다.

$x = \frac{14}{13}$

[실전문제 12] 1차 방정식 $3(x-2)+5x=7x+10$의 해를 구하시오.

예 제 [Example]

95. 1차 방정식 $\frac{2a-x}{6} = \frac{2x+a}{4} - 1$의 해가 -4일 때, 상수 a의 값을 구하시오.

풀이 $x=-4$를 위의 식에 대입하고 양변에 12를 곱하면,

$4a+8=-24+3a-12$

$4a+8=-36+3a$ --- 양변에 동류항이 있을 때 동류항부터 정리한다.

$4a+8-3a=-36+3a-3a$ --- 양변에 같은 문자$(-3a)$을 더한다.

$a+8=-36$

$a+8-8=-36-8$ --- 양변에 같은 숫자 (-8)을 더한다.

$a=-44$

96. 다음 방정식을 해를 구하시오.

(1) $0.1x+0.7=3(0.2x-0.1)$

(2) $\frac{5x+3}{2} - x = 2x+4$

(3) $-4x+10=2(5-2x)$

(4) $3(x-3)=6+3x$

풀이 (1) $0.1x+0.7=3(0.2x-0.1)$의 양변에 10을 곱하고 정리하면,

$x+7=6x-3,\quad -5x=-10 \qquad \therefore\ x=2$

(2) 주어진 식의 양변에 2를 곱하고 정리하면,

$5x+3-2x=4x+8,\quad 3x-4x=8-3 \qquad \therefore\ x=-5$

(3) $-4x+10=1--4x,\quad -4x+4x=10-10,\quad 0\cdot x=0$

$\therefore$ 모든 수

(4) $3x-9=6+3x,\quad 3x-3x=6+9,\quad 0\cdot x=15$

$\therefore$ 해는 없다

97. 세 개의 연속하는 정수의 합이 48일 때, 이들 세 수를 구하시오.

풀이 세 수를 $x-1,\ x,\ x+1$이라 놓으면,

$(x-1)+x+(x+1)=48,\quad 3x=48,\quad x=16$

따라서, 세 수는 15, 16, 17이다.

7 삼각비

7.1. 일반각과 호도법

7.1.1. 일반각

아래 그림과 같이 평면 위의 두 사선 OX, OP가 이루는 ∠XOP의 크기를 구해보자.

고정되어 있는 사선 OX의 위치에서 점 O를 중심으로 사선 OP의 위치까지 OP가 회전하였을 때 그 회전량을 ∠XOP의 크기라 하고, 사선 OX를 시초선, 사선 OP를 동경, 점 O를 각의 꼭지점이라 한다. 동경 OP가 회전하는 방향을 보면 그림과 같이 시계 반대방향을 양의 방향, 시계방향을 음의 방향이라 하며, 양의 방향의 회전으로 생긴 각을 양의 각, 음의 방향의 회전으로 생긴 각을 음의 각이라 정한다.

시초선 OX는 고정되어 있으므로 ∠XOP의 크기가 정해지면 동경 OP의 위치는 정해진다.

그러나 동경 OP의 위치가 정해져도 동경 OP가 나타내는 각의 크기는 하나로 정해지지 않는데, 이를 테면 동경이 나타내는 각의 하나를 $\alpha°$라 하면, ∠XOP의 크기는 $\alpha°+360°\times n$ (n= 0, ±1, ±2, …)와 같이 여러 가지로 나타낼 수 있고 이것을 동경 OP가 나타내는 일반각이라 한다.

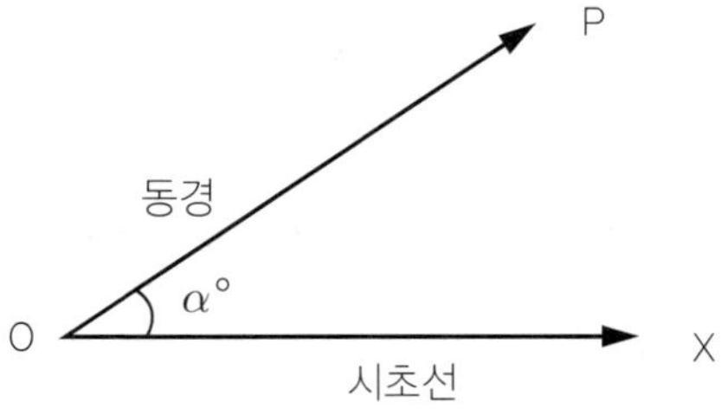

예 제 [Example]

98. 오른쪽 그림에서 X, P_1, P_2, …, P_5는 원의 둘레를 6등분한 점이다. 다음 각각의 각에 대응하는 동경을 구하여라.

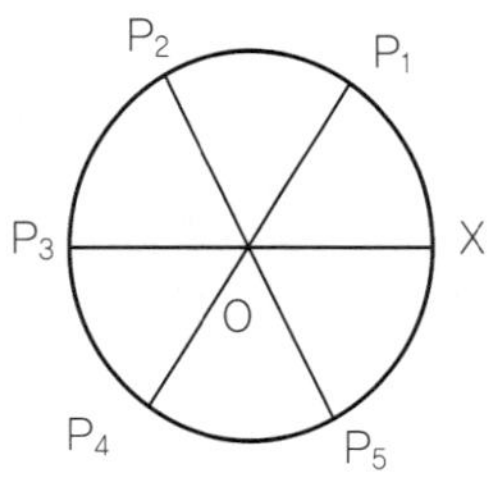

(1) 420°　　(2) 840°

(3) −60°　　(4) −540°

풀이 원을 6등분하였으니 한 각은 60° 이다.

(1) 420° = 60° + 360°　∴ OP_1

(2) 840° = 120° + 360° × 1　∴ OP_2

(3) −60°　∴ OP_5

(4) −540° = 180° + 360° ×(−2)　∴ OP_3

7.1.2. 호도법

각의 크기를 '도' 단위를 사용하여 나타내는 방법을 60분법이라 하는데, 위 호와 중심각 사이의 관계를 이용하여 각의 크기를 나타내는 새로운 방법을 생각해 보면 아래 그림과 같이 반지름의 길이가 r인 원 O에 있어서 길이 r인 호 PX에 대한 중심각 ∠XOP의 크기를 $\alpha°$라 하면, 호의 길이는 중심각의 크기에 비례하므로 $r : 2\pi r = \alpha° : 360°$, 즉 $\alpha° = \frac{180°}{\pi}$가 되고 이 각을 1호도 또는 1라디안(radian)이라 하고, 이 '라디안' 단위를 사용하여 각의 크기를 나타내는 방법을 호도법이라고 한다. 호도법에 쓰이는 단위는 rad는 생략하기도 한다.

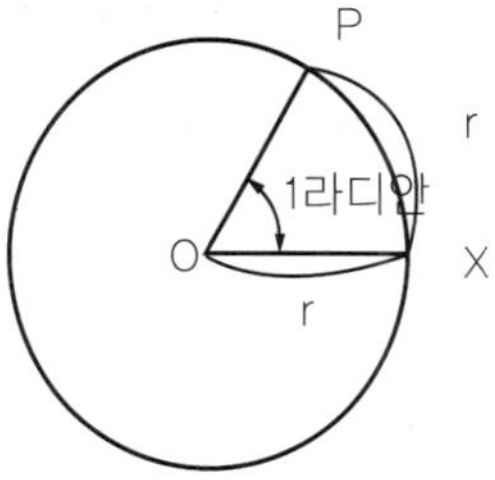

•호도법과 60분법과의 관계

$1\text{rad} = \frac{180°}{\pi}$

$1° = \frac{\pi}{180}\text{rad}$

예 제 [Example]

99. 다음 60분법 단위의 각은 호도법 단위의 각으로, 호도법 단위의 각은 60분법 단위 각으로 나타내어라.

(1) $30°$ (2) $120°$

(3) $\frac{\pi}{4}$ (4) $\frac{\pi}{3}$

풀이 (1) $30° \times \frac{\pi}{180} = \frac{\pi}{6}$ (2) $120° \times \frac{\pi}{180} = \frac{2}{3}\pi$

(3) $\frac{\pi}{4} \times \frac{180}{\pi} = 45°$ (4) $\frac{\pi}{3} \times \frac{180}{\pi} = 60°$

아래 그림과 같이 반지름이 r인 원 O에서 길이가 l인 호에 대한 중심각의 크기를 θ(rad)라 하면, 호의 길이는

$$l : 2\pi r = \theta : 2\pi$$

이다.

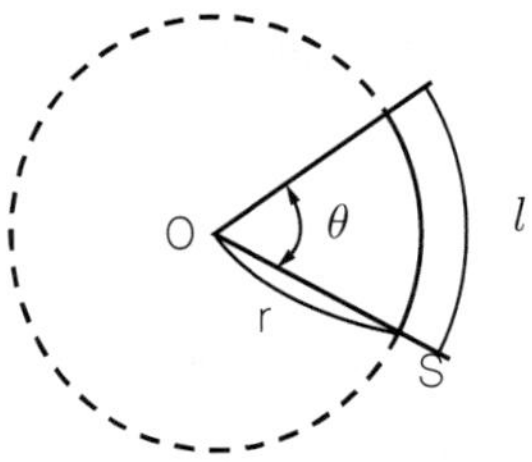

그러므로 $l = r\theta$

또 부채꼴의 면적 S는 $S : \pi r^2 = \theta : 2\pi$

그러므로 $S = \frac{1}{2}r^2\theta$

반지름의 길이 r, 중심각의 크기 θ(rad)인 부채꼴에 있어서 호의 길이 l과 면적 S는 다음과 같다.

- 부채꼴에서의 호의 길이와 면적
  호의 길이 $l = r\theta$
  부채꼴의 면적 $S = \frac{1}{2}r^2\theta = \frac{1}{2}rl$

예 제 [Example]

100. 중심각 $\frac{\pi}{4}$, 반지름이 6[cm]인 부채꼴에서 호의 길이와 면적을 구하라.

풀이 호의 길이 $l = r\theta = 6 \times \frac{\pi}{4} = \frac{3}{2}\pi = 4.71$[cm]

면적 $S = \frac{1}{2}r^2\theta = \frac{1}{2} \times 6^2 \times \frac{\pi}{4} = \frac{9\pi}{2} = 14.14[cm^2]$

7.2. 일반각의 삼각함수

7.2.1. 삼각비

아래 그림과 같이 ∠C= 90°인 직각 3각형 ABC에서 ∠A= θ라고 할 때 세변 a, b, c사이의 비를 삼각비라 한다.

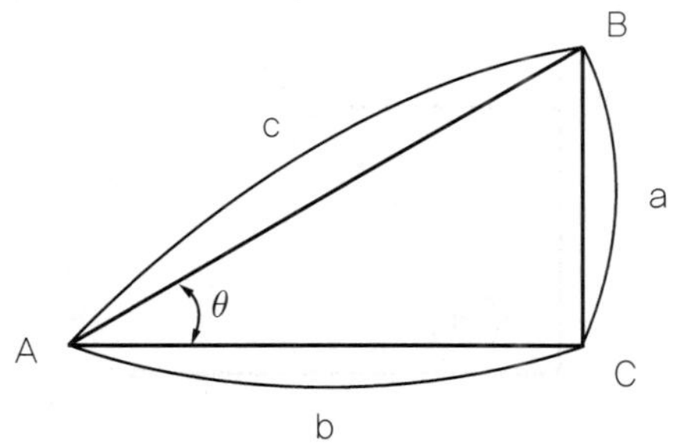

[1] 삼각비의 정의

$$\sin\theta = \frac{a}{c}$$

$$\cos\theta = \frac{b}{c}$$

$$\tan\theta = \frac{a}{b}$$

$$\mathrm{cosec}\,\theta = \frac{c}{a}$$

$$\sec\theta = \frac{c}{b}$$

$$\cot\theta = \frac{b}{a}$$

sin, cos, tan, cosec, sec, cot는 각각 sine, cosine, tangent, cosecont(코시컨트), secont(시컨트), cotangent(코탄젠트)의 약자이다.

예 제 [Example]

101. 힘 F의 크기는 10[kgf]이다. x, y방향의 분력 F_x, F_y의 크기를 구하여라.

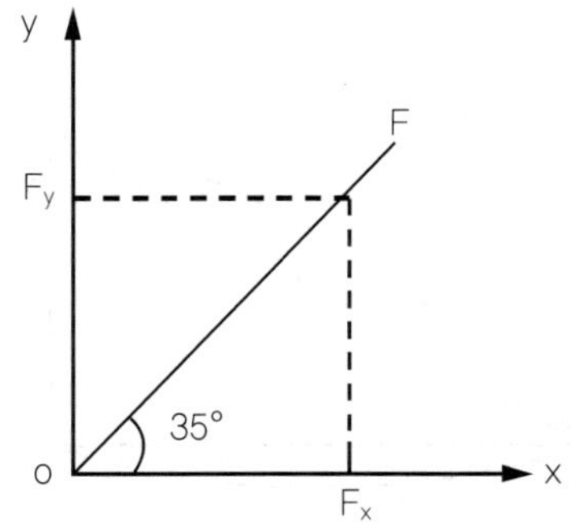

풀이 $F_x = 10\cos35^\circ = 10 \times 0.82 = 8.2$

$F_y = 10\sin35^\circ = 10 \times 0.57 = 5.7$

CHAPTER 기초 자동차 해석 | Fundamental Automotive Analysis

Ⅱ 자동차공학 기초

1 차원(dimensions)

자연에서의 물리적 현상을 수학적인 숫자와 차원(dimensions)과 단위(units)의 개념으로 나타낸다. 차원(dimensions)은 어떤 양의 물리적 성질을 나타낸 것이다. 예를 들면 거리는 피트나 미터 어느 단위를 사용하여 측정하든지 간에 동일한 거리이며, 그 차원일 길이라고 한다. 차원은 기본차원과 유도차원으로 구분된다.

1.1. 기본차원

가장 원천적인 양으로 상대적인 정의가 불가능한 차원을 말한다. 기본차원에는 길이(length), 시간(time), 질량(mass), 온도(temperature), 전류(electric current), 물질의 몰(mol) 및 광도(luminous intensity) 등이 있다. 기호는 [ ]로 표시하며, 질량은 [M], 길이는 [L], 시간은 [s] 등으로 나타낸다.

1.2. 유도차원

대부분의 다른 변수들은 유도차원으로 나타낼 수 있는데, 이들은 기본차원들의 수학적인 조합으로 나타낼 수 있다. 그 예로서 속력을 거리와 시간의 기본차원으로 정의할 수 있는 것과 같다. 속력을 나타내는 기호는 v이고 속력의 차원은 [V]= [L]/[T]로 나타낼 수 있다.

2 단위

길이, 질량, 시간 등 물리량을 수로 나타낼 때 항상 단위와 함께 쓴다. 또한 물리량 사이의 관계를 나타낸 자연법칙을 계산할 때도 단위와 함께 계산하여야 한다. 실생활에서 그리고 고등학교나 대학교의 교과과정에서 가장 널리 이용되는 단위계가 국제단위계이다. 각 단위의 크기가 실용적이므로 세계적으로 이를 바탕으로 한 단위계로 통일되는 경향이 있으며, 한국에서 계량법에 이용되고 있는 단위도 주로 이 단위계에 속한다.

국제단위계(SI단위계)는 meter(길이), kilogram(질량), second(시간)를 기본단위로 하는 물리단위의 모음이다. meter의 M, kilogram의 K, second의 S를 따서 MKS단위계라고 한다. 전류의 단위인 암페어A를 더한 것을 MKSA단위계라 하는데, 이것도 일반적으로는 MKS단위계라 하는 경우가 많다. 이 단위계에 온도를 더할 경우에는 섭씨온도 [℃]를 사용한다.

이 단위계에서는 전자기적 단위로서 자기력선속에 웨버 [Wb], 자기장의 세기에 [암페어횟수/m]을 쓰는 것 외에는 실용단위인 볼트의 [V], 쿨롱의 [C], 옴의 [Ω], 패럿의 [F], 헨리의 [H] 등이 그대로 쓰인다.

[역학에 사용되는 단위계(SI 단위)]

구 분	양	단 위	기 호	공 식
기본 단위	길이	Meter	m	
	질량	Kilogram	kg	
	시간	Second	s	
유도 단위	평면각	Radian	Rad	
	에너지, 일	Joule	J	N·m
	힘	Newton	N	$kg \cdot m/s^2$
	모멘트	Newton meter	N·m	
	주파수	Hertz	Hz	s^{-1}
	동력	Watt	W	J/s
	압력, 응력	Pascal	Pa	N/m^2

구 분	양	단 위	기 호
유도 단위	가속도	meter per second squared	m/s^2
	각가속도	radian per second squared	rad/s^2
	각속도	radian per second	rad/s
	속도	meter per second	m/s
	면적	square meter	m^2
	체적	cubic meter	m^3
	밀도	kilogram per cubic meter	kg/m^3

숫자를 나열할 때는 쉽게 알아볼 수 있도록 승수의 접두어를 사용하는데, 많이 사용되는 접두어가 아래 표에 표시되어 있다.

[단위 접두어]

10^n	접두어	기호	배수	십진수
10^{24}	요타(yotta)	Y	자	1,000,000,000,000,000,000,000,000
10^{21}	제타(zetta)	Z	십해	1,000,000,000,000,000,000,000
10^{18}	엑사(exa)	E	백경	1,000,000,000,000,000,000
10^{15}	페타(peta)	P	천조	1,000,000,000,000,000
10^{12}	테라(tera)	T	조	1,000,000,000,000
10^9	기가(giga)	G	십억	1,000,000,000
10^6	메가(mega)	M	백만	1,000,000
10^3	킬로(kilo)	k	천	1,000
10^2	헥토(hecto)	h	백	100
10^1	데카(deca)	da	십	10
100	없음	없음	일	1
10^{-1}	데시(deci)	d	십분의 일	0.1
10^{-2}	센티(centi)	c	백분의 일	0.01
10^{-3}	밀리(milli)	m	천분의 일	0.001

10^n	접두어	기호	배수	십진수
10^{-6}	마이크로(micro)	μ	백만분의 일	0.000001
10^{-9}	나노(nano)	n	십억분의 일	0.000000001
10^{-12}	피코(pico)	p	일조분의 일	0.000000000001
10^{-15}	펨토(femto)	f	천조분의 일	0.000000000000001
10^{-18}	아토(atto)	a	백경분의 일	0.000000000000000001
10^{-21}	젭토(zepto)	z	십해분의 일	0.000000000000000000001
10^{-24}	욕토(yocto)	y	일자분의 일	0.000000000000000000000001

[그리스문자]

문자	영어	한국어	문자	영어	한국어
Α α	alpha	알파	Ν ν	nu	뉴
Β β	beta	베타	Ξ ξ	xi	크시
Γ γ	gamma	감마	Ο ο	omicron	오미크론
Δ δ	delta	델타	Π π	pi	파이
Ε ε	epsilon	입실론	Ρ ρ	rho	로
Ζ ζ	zeta	제타	Σ σ	sigma	시그마
Η η	eta	에타	Τ τ	tau	타우
Θ θ	theta	세타	Υ υ	upsilon	윕실론
Ι ι	iota	이오타	Φ φ	phi	파이
Κ κ	kappa	카파	Χ χ	chi	카이
Λ λ	lambda	람다	Ψ ψ	psi	프시
Μ μ	mu	뮤	Ω ω	omega	오메가

2.1. 길이(length)

공간에서 두 점 사이의 거리를 길이(length)로 나타낼 수 있다.

길이의 표준인 미터(meter)는 1800년경 파리를 지나는 경도선의 적도에서 북극까지 거리의 천만분의 1로 정의하였다.

그러나 이것은 지구를 기초로 하는 표준이고 우주 전체에 적용하기 어려웠다. 1983년에 진공속에서 빛이 1/299,792,458초 동안 진행한 거리로 다시 정의 되었다. 이 정의는 우주에서 빛의 속력이 어디에서든지 같다는 가정에 근거를 두고 있다.

[길이 단위 환산]

[cm]	[m]	[in]	[ft]
1	0.01	0.3937	0.03281
100	1	39.37	3.281
2.540	0.0254	1	0.08333
30.48	0.3048	12	1

[미터 단위의 전환]

흔히 사용하는 미터 단위
1 킬로미터([km]) = 1000미터([m])
1 미터([m]) (기본 단위)
1 센티미터([cm]) = 0.01미터([m])
1 밀리미터([mm]) = 0.001미터([m])

2.2. 질량(mass)

질량의 SI단위인 킬로그램([kg])은 프랑스 국제 도량형국에 보관되어 있는 특정한 백금-이리듐 합금 실린더의 질량으로 정의된다. 이 질량표준은 1887년에 설정되었는데, 백금-이리듐 합금이 매우 안정적이므로 아직까지 사용되고 있다.

국제단위계(SI단위계)인 미터계보다 영국단위계를 선호하는 국가에서는 상형(常衡) 파운드가 쓰인다.

[질량 단위 환산]

[kg]	[t]	[lb]	[ton]	sh tn
1	0.001	2.20462	0.0009842	0.0011023
1000	1	2204.62	0.9842	1.1023
0.45359	0.00045359	1	0.0004464	0.00055
1016.05	1.01605	2240	1	1.12
907.185	0.907185	2000	0.89286	1

주) [t] : 톤, [ton] : 영국톤(long ton), [sh tn] : 미국톤(short ton)

[무게 단위의 전환]

흔히 사용하는 무게의 단위
1톤([t]) = 1,000,000그램 1킬로그램([kg]) = 1000그램 1그램([g]) 1밀리그램([mg]) = 0.001그램

2.3. 시간(time)

1967년 원자번호 133번인 세슘(Cs) 원자의 고유 진동수를 기준으로 하는 원자시계의 높은 정밀도를 이용하여 초를 정의하였다.

2.4. 면적(area)과 체적

2.4.1. 면적

면의 일부분이나 전체의 넓이. 평면 위의 직선이나 곡선으로 둘러싸인 부분을 평면적이라 하며, 3차원 공간상의 곡면 위의 것은 곡면적이라고 한다.

[면적 단위 환산]

[cm^2]	[m^2]	[in^2]	[ft^2]
1	0.0001	0.155	0.001076
1×10^4	1	1550	10.76
6.452	0.000645	1	0.006944
929.0	0.09290	144	1

2.4.2. 체적

[1] 부피의 미터 단위 전환

[체적 단위 환산]

[cm^3]	[m^3]	[in^3]	[ft^3]
1	1E−6	0.06102	0.00003531
1E6	1	61020	35.31
16.39	0.00001639	1	0.0005787
28320	0.02832	1728	1

[부피 단위의 전환]

흔히 사용하는 부피의 단위
1 킬로리터 = 1000리터 1 리터 1 밀리리터 = 0.001리터

1000[cc] = 1[ℓ], 1[cc] = 1[mℓ]= 1[cm^3]

예 제 [Example]

01. 다음을 전환하시오.

(1) 26[m L] → [cm^3]

(2) 0.82[L] → [cm^3]

풀이 (1) 26[mℓ] = 26[cc] = 26[cm^3]

(2) 0.82[ℓ] = 820[mℓ] = 820[cc] = 820[cm^3]

2.5. 힘

힘이란, 정지되어 있는 물체를 움직이게 하고 운동하고 있는 물체의 속도와 방향을 변화시키거나 정지시키는 작용을 하는 물리량이다. 힘은 크기와 방향을 가지므로 벡터량이며 방향을 가리키는 선분으로 나타낼 수 있다.

힘의 단위는 N(newton)이며, 1[N]은 질량 1[kg]의 물체에 1[m/s^2]의 가속도를 가하는 힘으로 정의된다. 즉, F([N]) = m·a([$kg \cdot m/s^2$])이 된다.

공학에서는 힘의 단위로 중량을 사용하여 W= m·g(중력가속도 약 9.8[m/s^2])이 되며, 그 단위는 [kgf]으로 표기한다. 즉, 1[kg]의 질량을 가진 물체를 중량으로 표시하면 1[kg]×9.8[m/s^2]= 9.8[kg·m/s^2], 1[N]= 1[kg·m/s^2]이므로 1[kgf]= 9.8[N]으로 표시된다.

[힘 단위 환산]

[N]	[dyn]	[kgf]	[lbf]	[pdl]
1	1E5	0.101972	0.2248	7.233
1E-5	1	1.01972E-6	2.248E-6	7.233E-5
9.80665	9.80665E5	1	2.205	70.93
4.44822	4.44822E5	0.4536	1	32.17
0.138255	1.38255E4	0.01410	0.03108	1

주 : 1[dyn]= 1E－5N, 1[pdl](파운달) = 1[ft · lb/s^2]

예 제 [Example]

02. 100[kg]인 물체를 2.5[m/s^2]로 가속시키기 위한 힘 F([N])를 계산하시오.

풀이 F= ma= 100×2.5= 250[N]

2.6. 속도, 가속도, 각속도

속도(velocity)는 점이 경로를 움직이는 시간변화율로서 한 점이 어떤 방향으로 얼마나 빠르게 움직이는지를 나타내는 양을 나타낸다. 시간이나 길이와 같은 스칼라 양과는 달리 크기와 방향을 가진 벡터 양으로 1개의 숫자로 완전하게 표시할 수 없다.

속도는 다른 벡터와 같이 화살표를 이용해 나타내는데, 화살표의 길이는 속도의 크기에 비례한다. 일반적으로 속도에는 순간속도와 평균속도로 구분하는데 보통 순간속도를 속도라 한다. 또한 속도의 크기를 속력이라고 한다. 입자의 평균속도는 변위 $\triangle x= x_2-x_1$을 시간의 차이인 $\triangle t= t_2 - t_1$로 나눈 것을 말한다.

2.6.1. 속도

$$v_{av} = \frac{\text{나중거리} - \text{처음거리}}{\text{나중시간} - \text{처음시간}} = \frac{\Delta x}{\Delta t} = \frac{x_2 - x_1}{t_2 - t_1}[m/s]$$

예 제 [Example]

03. 주행거리 1.6[km]를 주행하는데 40초가 걸렸다. 이 자동차의 주행속도를 초속과 시속으로 표시하라 ?

풀이 초속= $\frac{1.6 \times 1000}{40}$ = 40[m/s]

시속= $\frac{1.6 \times 3600}{40}$ = 144[km/h]

[속도 단위 환산]

[m/s]	[km/h]	[kn](미터법)	[ft/s]
1	3.6	1.944	3.281
0.2778	1	0.5400	0.9113
0.5144	1.852	1	1.688
0.3048	1.097	0.5925	1
0.4470	1.609	0.8690	1.467

주 : [kn] : 노트, 미터법 1노트= 1852[m/h]

2.6.2. 가속도

입자의 속도가 시간에 따라 변할 때, 그 입자는 가속되고 있다고 한다. 따라서 가속도는 속도의 변화량을 시간의 변화량으로 나눈 값이다.

$$a = \frac{\Delta v}{\Delta t} = \frac{v_2 - v_1}{t_2 - t_1}[m/s^2]$$

예 제 [Example]

04. 자동차가 정지상태에서 출발하여 10초 후에 속도가 60[km/h]로 되었다면 가속도([m/sec²])는 얼마인가 ?

풀이 $a = \frac{V_2 - V_1}{t} = \frac{(60-0)\times 1000}{3600\times 10} = 1.67[m/sec^2]$

a : 가속도, V_1 : 처음속도, V_2 : 나중속도, t : 소요시간

2.6.3. 각속도

각도의 변화량(라디안)을 시간의 변화량으로 나눈 값. 보통 분당회전수([rpm])를 각속도로 표현하면 다음과 같다.

$$\text{각속도 } \omega = \frac{\text{각도변화량}}{\text{시간변화량}} = \frac{2\pi N}{60}\ [rad/s]$$

예 제 [Example]

05. 기관의 각속도를 ω[rad/s], 축 토크를 T[kgf · m]라 할 때 축출력 P[PS]를 구하는 식은 ?

㉮ $P = \frac{T\cdot\ \omega}{75}[PS]$　　㉯ $P = \frac{T\cdot\ \omega}{60\times 75}[PS]$

㉰ $P = \frac{T\cdot\ \omega}{75\times 102}[PS]$　　㉱ $P = \frac{2\pi\ T\cdot\ \omega}{60\times 75}[PS]$

풀이 $\omega = \frac{2\pi N}{60}$, $P = \frac{2\pi TN}{75\times 60}$ 이므로 $P = \frac{T\cdot\ \omega}{75}[PS]$

2.7. 일과 에너지, 일률

2.7.1. 일과 에너지

일이란 힘과 그에 의해서 발생된 변위와의 곱으로 단위는 [J](주울)를 사용한다.

일([J]) = 힘([N]) × 거리([m]) ([N·m])

그 외 일은 여러 가지로 규정할 수 있다.

일= 압력([N/m^2])× 부피([m^3])

= 토크([N · m]) × 회전수

에너지(energy)는 일을 할 수 있는 능력을 말한다. 단위는 일의 단위와 같다.

• 위치에너지(PE) : PE= mgz

m: 질량, g: 중력가속도 9.8[m/s^2], z: 거리

• 운동에너지(KE) : $KE = \frac{1}{2}mV^2$

m: 질량, V: 속도

예 제 [Example]

06. 평탄한 고속도로에서 72[km/h]로 달리는 총 질량 10[ton]인 차량의 운동 에너지([kJ])는 얼마인가 계산하시오(단, 공기저항은 무시한다).

풀이 $E = \frac{WV^2}{2} = \frac{10000 \times 20^2}{2} = 2000[kJ]$

W : 차량 총 질량, V : 주행속도[m/s]

07. 200[m]의 높이로부터 물 250[kg]이 땅으로 떨어질 경우, 일을 열량으로 환산하면 약 몇 [kJ]인지 계산하시오.

풀이 E= mgz= 250×9.8×200 = 490000[J]= 490[kJ]

2.7.2. 일률(동력)

단위시간당 한 일을 말하며 단위로는 [W](와트)를 사용한다. t초사이에 한 일을 W[J], 물체의 속도를 V라고 하면 동력(P)은

$$동력(P) = \frac{W[J]}{t[S]} = \frac{F \times L}{t[S]} = F \cdot v \quad ([N \cdot m/sec])$$

$$= T \times \omega = \frac{2\pi NT}{60}$$

이다.

마력은 일률의 단위로 보통 짐마차를 부리는 말이 단위시간당 하는 일을 측정하여 1마력으로 삼은 데서 유래하였다.

- 1[PS]= 75[kgf · m/s]= 632.3[kcal/h]= 0.736[kW]
- 1[kW]= 102[kgf · m/s]= 860[kcal/h]

예 제 [Example]

08. 9000[J]는 몇 [Wh]인가 계산하시오.

풀이 $\frac{9000[J]}{3600} = 2.5[Wh]$

09. 어떤 화물자동차가 평탄한 도로를 정속도로 2[km]주행하였다. 이때 바퀴에서의 구동력의 합은 2.9[kN]이였다. 2[km] 주행하는 동안 이 자동차가 한 일을 [Nm], [kWh]로 계산하시오.

풀이 ① 일 = 힘 × 거리 [Nm] = 2.9[kN] × 1,000 × 2,000[m]

= 5,800,000[Nm]

② 동력 = $\frac{힘 \times 거리}{시간}$[kWh] = $\frac{2.9 \times 2000}{3600}$ = 1.611[kWh]

10. 리프트 위에 중량 13500[N]인 자동차가 정차해 있다. 이 자동차를 3초만에 높이 1.8[m]로 상승시켰을 경우, 리프트의 출력([kW])을 계산하시오.

풀이 리프트 출력 = $\frac{13500 \times 1.8}{3}$ = 8100[W] = 8.1[kW]

2.8. 회전력(토크)

회전력은 구동력과 회전반경의 곱으로 나타낸다. 이것을 식으로 표현하면

$$T = r \times F$$

T : 토크[kgf · m], F : 구동력[kgf], r : 반경[m]

이다.

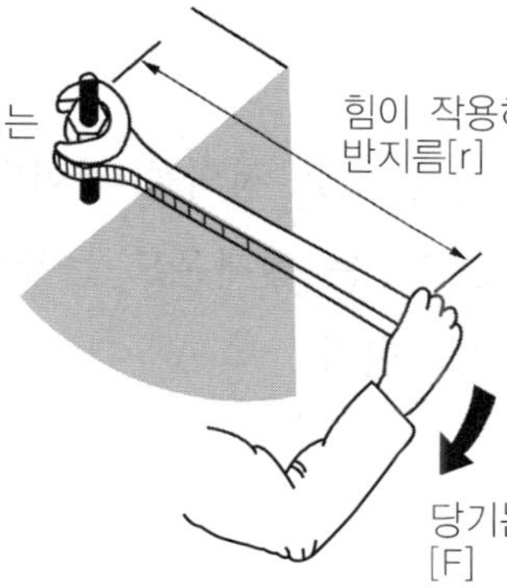

[토크의 원리]

예 제 [Example]

11. 구동피니언의 이가 링기어의 이를 25[kg]의 힘을 밀었다고 하면 링기어의 회전력은 얼마인가 ?(단, 링기어의 피치원의 직경은 20[cm]이다)

풀이 25 × 10= 250[kg · cm]

2.9. 온도(temperature)

물질을 구성하고 있는 분자나 원자는 일정한 위치를 중심으로 운동하거나 불규칙적으로 움직이고 회전하며 진동한다. 온도는 분자나 원자의 운동에너지의 강도를 표시하는 척도이다. 분자나 원자의 운동이 심할수록 온도는 높게 나타난다. 현재는 주로 섭씨온도, 화씨온도가 주로 사용된다.

2.9.1. 섭씨(celsius) 온도

섭씨온도(단위: [℃])는 미터법을 채택하고 있는 거의 모든 국가에서 사용되고 있고 과학분야에서도 광범위하게 쓰인다. 순수한 물의 어는점을 0[℃], 끓는점을 100[℃]로 하고 이것을 100등분한 것이다.

2.9.2. 화씨(fahrenheit) 온도

화씨온도(단위: [°F])는 미국을 비롯한 몇몇 영어권 국가들에서 사용되고 있다. 순수한 물의 어는점을 32[°F], 끓는점을 212[°F]로 하고 이것을 180등분한 것이다.

2.9.3. 절대온도([K])

물질의 성질에 관계없이 절대적인 온도를 정의한 것이다. 단위는 [K]로 켈빈이라고 읽는다. 과학적 온도측정의 국제 표준으로는 절대온도 눈금인 켈빈 온도(단위: [K])가 사용되고 있다. 0[K]= −273.15[℃]에 해당한다.

2.9.4. 절대온도([R])

절대온도(단위: [R])는 절대온도([K])를 화씨 눈금으로 계산한 것이다.

Tip 각 온도에 따른 계산공식

- $[℃] = \frac{5}{9}(t[°F] - 32)$
- $[°F] = \frac{9}{5}(t[℃]) + 32$
- [K]= 273+T([℃])
- [R]= 460 + t([°F])

예 제 [Example]

12. 화씨 200[°F]은 절대온도로 환산하시오.

풀이 $T = [\frac{5}{9} \times (200-32)] + 273 = 366[K]$

13. 어떤 오토기관의 배기가스온도를 측정한 결과 전부하 운전시에는 850[℃], 공전시에는 350[℃]이다. 이 온도를 각각 kelvin 온도 [K]로 환산하시오.

풀이 (1) T_1= 850[℃]+273 = 1123[K]

(2) T_2= 350[℃]+273 = 623[K]

2.10. 압력

단위 면적당 수직으로 작용하는 힘이나 유체가 담겨 있을 때 한 점에서의 응력을 일컫는다.

1[N](뉴턴)의 힘으로 면적 1[m^2]를 누를 때 받는 압력(pressure)은 1[N/m^2] 또는 1[Pa](파스칼)이라고 한다. 대기압이 0이면 완전 진공을 뜻한다. 일반적으로 압력은 절대압력과 계기압력으로 구분된다.

[압력 단위 환산]

[kgf/cm^2]	[bar]	[Pa]	[atm]	[mH_2O]	[mHg]	[lbf/in^2]
1	0.980665	0.980665E5	0.9678	10.000	0.7356	14.22
1.0197	1	1E5	0.9869	10.197	0.7501	14.50
1.0197E-5	1E-5	1	0.9869E-5	1.0197E-4	7.501E-6	1.450E-4
1.0332	1.01325	1.01325E5	1	10.33	0.760	14.70
0.10000	0.09806	9.80665E3	0.09678	1	0.07355	1.422
1.3595	1.3332	1.3332E5	1.3158	13.60	1	19.34
0.07031	0.06895	6.895E3	0.06805	0.7031	0.05171	1

주 : 1[Pa] = 1[N/m^2], 1[bar]= 10^5[Pa] = 1E5Pa= 10^5[N/m^2]
1[lbf/in^2]= 1[psi]
1[Pa]= 7.5E-3 torr, 1[ksi]= 1000[psi](英[ksi]: kips per square inch)

예 제 [Example]

14. 핀틀(pintle)형 노즐의 직경이 1[mm]이고 니들 압력스프링 장력이 0.8 [kgf]이면 노즐의 폐압[kgf/cm^2]은 얼마 정도인가 ?

풀이 $P = \frac{W}{A}[kgf/cm^2] = \frac{0.8}{0.785 \times 0.1^2} = 101.9[kgf/cm^2]$

P : 압력[kgf/cm^2], W : 하중[kgf], A : 단면적[cm^2]

2.10.1. 표준 대기압력

표준대기압(단위: [atm])은 중력 가속도가 g= 9.8[m/s^2], 0[℃]에서 수은주의 높이가 760[mmHg]일 때의 압력을 말한다.

1[atm] = 760[mmHg] = 1.01325[bar] = 1.0332[ata]= 101.3[kPa]= 14.7[psi]

2.10.2. 공학기압

공학기압(단위: [ata])은 1[kgf/cm^2]의 압력, 1[ata]로 표시한다.

1[ata]= 1.0[kgf/cm^2]= 735.6[mmHg] ≒ 96[kPa]

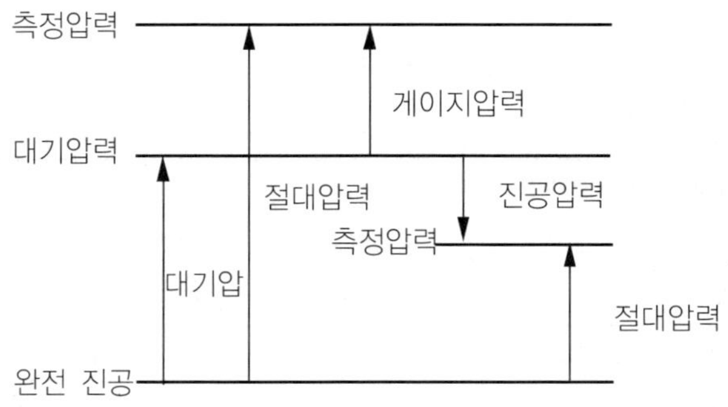

[대기압, 절대압력, 게이지압]

2.10.3. 절대압력

절대압력(단위 : [abs])은 완전진공을 기준으로 한 압력을 말한다.

절대압력 = 대기압 + 계기압 = 대기압 − 진공압(부압)

2.10.4. 계기압력

계기압력(단위: [atg])은 기압을 기준으로 게이지로 측정한 압력을 말한다.

예 제 [Example]

15. 보일러의 압력계가 1176[kPa]를 나타내고, 이때의 대기압력이 740 [mmHg]이다. 보일러의 절대압력 [kPa]을 계산하시오.

풀이 절대 압력 = 계기압력+대기압력= $1176 + \frac{740}{760} \times 101.3$

= 1275[kPa]

16. 대기압력 750[mmHg]일 때 진공도 90[%]의 절대압력([kPa])을 계산하시오.

풀이 절대압력 = 대기압력 − 진공압력 = $\frac{750}{753.6} \times 9.8 \times 0.1$

= 9.75[kPa]

2.11. 밀도, 비중량, 비체적

물질의 성질 등의 차이점 등을 나타내는 대표적인 것으로는 밀도, 비중량, 비체적 등이 있다. 밀도는 물체의 부피로부터 질량을 구할 때, 혹은 질량에서 부피를 구할 때 사용된다. 즉 물체의 질량은 부피에 밀도를 곱한 값이고, 부피는 질량을 밀도로 나눈 값이다.

[밀도 단위 환산]

[g/cm³]	[kg/m³]	[lb/in³]	[lb/ft³]
1	1000	0.03613	62.43
0.001	1	0.00003613	0.06243
27.68	27680	1	1728
0.01602	16.02	0.0005787	1

주 : 1[g/cm³]= 1[t/m³]

2.11.1. 밀도

물질의 단위 체적당 질량을 말한다. 기호는 ρ로 표시하고 단위는 [kg/m³]이다.

$$\rho = \frac{m}{V} [\text{kg/m}^3]$$

211.2. 비중량

물질의 단위 체적당 무게(중량)를 말한다. 단위는 [kgf/m²]로 표시한다.

무게 W[kgf], 체적 V[m^3]인 물체의 비중량 r은 다음과 같다.

$$r = \frac{W}{V} = \frac{mg}{V} = \rho g[\mathrm{kgf/m^3}]$$

2.11.3. 비체적

물질의 단위 질량당의 체적 또는 단위 중량당의 체적을 말한다. 단위는 [m^3/kg]으로 표시하며 질량 m[kg]의 체적을 V[m^3]이라 하고, 비체적 v는 다음과 같다.

$$v = \frac{1}{\rho} = \frac{V}{m} = \frac{V}{g} = \frac{V}{W}\ [\mathrm{m^3/kgf}]$$

예 제 [Example]

17. 비체적이 0.8[m^3/kgf]인 물질의 비중량을 계산하시오.

풀이 $\gamma = \frac{1}{V} = \frac{1}{0.8} = 1.25[\mathrm{kgf/m^3}]$

2.12. 비열

비열(specific heat)은 단위질량 1[kg]인 물체의 온도를 1[K] 높이는데 필요한 열량 [kcal/kg·K]를 말한다.

$$Q = G\int_{T_1}^{T_2} C(T)dT$$

$$Q = G\ C_m(T_2 - T_1)$$

Q : 열량
C: 비열
T: 온도

예 제 [Example]

18. 어느 물체의 평균 비열을 C라고 할 때, G[kg]의 질량을 T_1[℃]에서 T_2[℃]까지 가열할 때 소요되는 열량을 나타내는 공식을 쓰시오.

풀이 $Q = GC(T_2 - T_1)$

19. 200[kg]의 물을 15[℃]에서 100[℃]까지 가열하는데 필요한 열량을 계산하시오.

풀이 $Q = 200 \times 4.2 \times (100 - 15) = 71400[kJ]$

Chapter Ⅱ 실력평가

01. 다음 중 단위 환산을 나타낸 것으로 맞는 것은 ?

㉮ 1[J]= 1[N·m]= 1[W·s]
㉯ 1[J]= 1[W]= 1[PS·h]
㉰ 1[J]= 1[N/s]= 1[W·s]
㉱ 1[J]= 1[cal]= 1[W·s]

정답 ㉮

02. 1.2[kJ]은 몇 [w·S]인가 ?

㉮ 120
㉯ 1200
㉰ 4320
㉱ 72

풀이 1[W]= 1[J·s]이므로 1.2[kJ]= 1200[W·s]

정답 ㉯

03. L(길이), M(질량), T(시간)로 나타내는 MLT계 차원으로 물리량을 나타내고자 할 때 동력을 옳게 나타낸 것은 ?

㉮ MLT^{-1}
㉯ $ML^{2}T^{-3}$
㉰ $ML^{-1}T^{-2}$
㉱ $ML^{-2}T$

정답 ㉯

04. 지상 10[km]의 높이(g= 9.766[m/sec^2])에서 어느 물체의 무게를 측정할 때 저울 눈금이 10N이라면 이 물체의 질량은 얼마인가 ?(단, 지상에서의 중력 가속도 g= 9.807[m/sec^2])이다)

㉮ 0.90[kg]
㉯ 1.02[kg]
㉰ 1.10[kg]
㉱ 1.20[kg]

풀이 $G = \frac{10}{9.766} = 1.02[kg]$

정답 나

05. 1[PS · H]에 해당하는 것은 ?

가 860[kcal]
나 632[kcal]
다 427[kcal]
라 102[kcal]

정답 나

06. 질량 1000[kgf]인 자동차를 리프트로 1.8[m] 올릴 때 리프트의 상승속도는 0.3 [m/s]였다. 리프트가 한일과 출력은 ?

가 2943[Nm], 17658[W]
나 17,658[Nm], 29.43[kW]
다 17,658[Ws], 2.944[kW]
라 2943[Ws], 176.58[kW]

풀이 ① 1[kgf]은 9.8[N]이므로, 일= 1000[kgf]×1.8[m]×9.8= 17640[Ws]

② 출력= $\frac{1000 \times 1.8 \times 0.736}{75 \times 6} = 2.9444[kW]$

정답 다

07. 2[ton]의 자동차가 1000[m]를 이동하는데 1분 40초 걸렸을 때 동력은 ?

가 20[kgf · m/s]
나 200[kgf · m/s]
다 2000[kgf · m/s]
라 20000[kgf · m/s]

풀이 동력= $\frac{힘 \times 거리}{시간} = \frac{2000 \times 1000}{(60+40)} = 20000[kgf \cdot m/s]$

정답 라

08. 리프트가 질량 1500[kgf]인 승용자동차를 들어 올릴 때 15초 동안 한 일은 30 [kWs]이였다. 이 리프트의 출력은 ?

가 3000[W]
나 2000[W]
다 750[W]
라 4.5[W]

풀이 출력= $\frac{일}{시간} = \frac{30 \times 1000}{15} = 2000[W]$

정답 나

09. 20[km/h]로 주행하던 자동차가 10초 후에 가속하여 56[km/h] 속도가 되었다. 이때의 가속도는 얼마인가 ?

㉮ 1[m/sec^2]　　㉯ 5[m/sec^2]

㉰ 6[m/sec^2]　　㉱ 36[m/sec^2]

풀이 $a = \frac{V_2 - V_1}{t} = \frac{(56-20) \times 1000}{3600 \times 10} = 1[m/sec^2]$

a : 가속도, V_1 : 처음속도, V_2 : 나중속도, t : 소요시간

정답 ㉮

10. 자동차가 300[m]를 통과하는데 20초 걸렸다면 이 자동차의 속도는 얼마인가 ?

㉮ 54[km/h]　　㉯ 60[km/h]

㉰ 80[km/h]　　㉱ 108[km/h]

풀이 ① 300[m]= 0.3[km]

$20[sec] = \frac{2}{3600[h]}$ 이므로

② 속도([km/h])= $\frac{\frac{0.3}{20}}{3600} = \frac{0.3 \times 3600}{20} = 54[km/h]$

정답 ㉮

11. 자동차가 6000[m]를 주행하는데 600[cc]의 연료를 소비하였다면 연료 소비율은 몇 [km/L]인가 ?

㉮ 10　　㉯ 3.6

㉰ 26.7　　㉱ 0.1

풀이 연료소비율= $\frac{주행거리}{연료소비량} = \frac{6}{0.6} = 10[km/\ell]$

정답 ㉮

12. 그림에서 A점에 작용하는 토크는 ?

㉮ 64[kgf · m]

㉯ 640[kgf · m]

㉰ 160[kgf · m]

㉱ 840kgf · m]

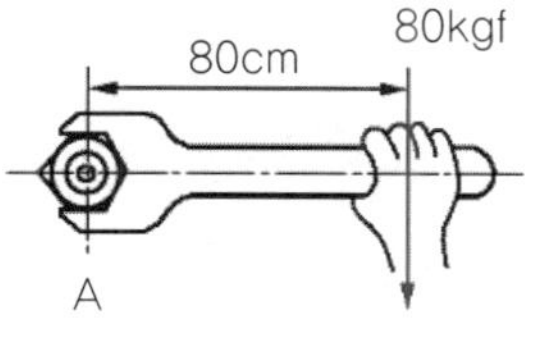

풀이 T= F × L= 80[kgf] × 0.8[m]= 64[kgf · m]

T : 토크, F : 힘, L : 물체의 길이

정답 가

13. 길이 100[cm] 스패너 끝에서 안쪽으로 45°경사지게 10[kgf]의 힘으로 돌릴 때 토크는 약 [kgf · m] 인가 ?

가 5[kgf · m]

나 6[kgf · m]

다 7[kgf · m]

라 10[kgf · m]

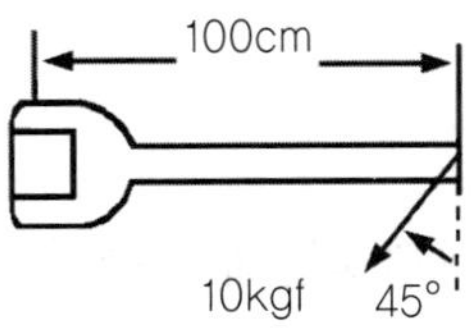

풀이 10[kgf] × 1[m] × sin45°= 7[kgf · m]

정답 다

14. 600[kgf]의 물체를 20[m] 움직이는데 10초 걸렸다면 얼마의 일[kgf · m]을 한 것인가?

가 10,000　　나 12,000

다 120,000　　라 900,000

풀이 60[kgf] × 20[m] = 12,000[kgf · m]

정답 나

15. 평균 유효압력 P= 4[kgf/cm^2], 행정체적([V])이 150[cc]인 2행정 단기통 기관에서 1회의 폭발로 몇 [kgf · m]의 일을 하는가 ?

가 3[kgf · m]　　나 4[kgf · m]

다 5[kgf · m]　　라 6[kgf · m]

풀이 4[kgf/cm^2] × 150[cm^3]= 600[kgf·cm]= 6[kgf · m]

정답 라

16. 공차 질량이 300[kg]인 경주용 자동차가 8[m/s^2]의 등가속도로 가속 중일 때의 가속력은 ?

㉮ 68.75[N] ㉯ 68.75[kgf]
㉰ 2400[N] ㉱ 2400[kgf]

풀이 F= ma
따라서 300[kg] × 8[m/s^2]= 2400[N]

정답 ㉰

17. 어떤 자동차의 기관에서 커넥팅로드의 질량이 0.67[kg]이었다. 이 커넥팅로드의 무게는 약 얼마인가 ?

㉮ 6.6[N] ㉯ 0.6[N]
㉰ 66[N] ㉱ 657[N]

풀이 1[kgf]= 9.8[N]
0.67[kg] × 9.8= 6.6[N]

정답 ㉮

18. 176[°F]는 몇 [℃]인가 ?

㉮ 76 ㉯ 80
㉰ 144 ㉱ 176

풀이 [℃]= $\frac{5}{9}$(t[°F]-32)= $\frac{5}{9}$×(176-32)= 80[℃]

정답 ㉯

19. 기관 작동 중 냉각수의 온도가 83[℃]를 나타낼 때 절대온도는 ?

㉮ 563[K] ㉯ 456[K]
㉰ 356[K] ㉱ 263[K]

풀이 [K]= 273 + T([℃])= 273 + 83= 356[K]

정답 ㉰

20. 중량 1톤의 무게를 10초 사이에 7.5[m] 높이까지 올리는 기중기의 동력은 몇 마력 [PS]인가 ?

가 5마력　　　　나 7.5마력

다 10마력　　　　라 75마력

풀이 $PS = \frac{F \times L}{75 \times t} = \frac{1000 \times 7.5}{75 \times 10초} = 10마력$

F : 물체의 무게

L : 물체의 이동거리

t : 물체가 이동하는 데 소요된 시간

정답 다

21. 10마력의 기관이 적합한 기구(마찰무시)를 통하여 5[ton]의 무게를 60[cm] 올리려면 얼마의 시간(초)이 걸리겠는가 ?

가 2초　　　　나 4초

다 20초　　　　라 40초

풀이 $\frac{5000 \times 0.6}{75 \times 10} = 4초$

정답 나

CHAPTER 기초 자동차 해석 | Fundamental Automotive Analysis

Ⅲ 자동차 엔진

1 배기량(displacement)

배기량(displacement)은 피스톤이 실린더 내에서 1행정을 하였을 때 흡입한(또는 배출한) 혼합가스 또는 공기의 체적을 의미하며, 실린더 단면적과 피스톤 행정으로 표시된다.

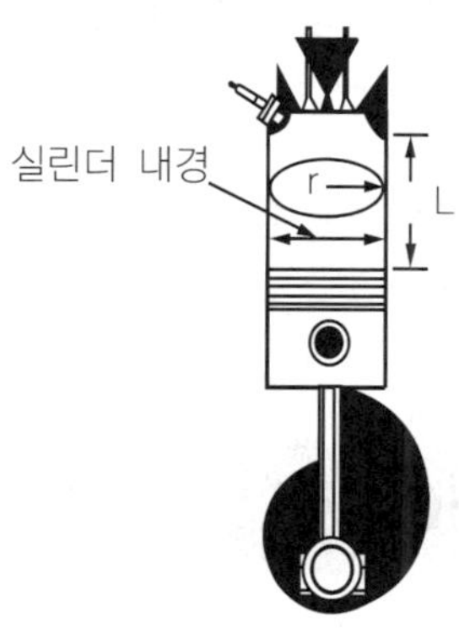

[배기량]

$$1실린더의\ 배기량(V) = \frac{\pi D^2 \times L}{4}\ 또는\ 0.785D^2L$$

V : 배기량[cc]　　D : 실린더 지름[cm]

L : 피스톤 행정[cm]　　N : 실린더 수

따라서 N개의 실린더가 있는 엔진의 총배기량은

$$V_2 = \frac{\pi D^2 \times L \times N}{4} \text{ 또는 } 0.785D^2LN$$

V_2 : 총배기량

또 N개의 실린더가 있는 엔진의 매분 당 총배기량은

$$V_3 = V \times R \times \frac{N}{i} [cc/min]$$

V_3 : N개의 실린더가 있는 엔진의 매분 당 총배기량
R : 엔진의 회전속도[rpm]
N : 실린더 수
V : 1실린더 배기량
i : 4행정일 때 2, 2행정일 때

예 제 [Example]

01. 실린더의 안지름 60[mm], 행정 60[mm]인 4실린더 기관의 총배기량 [cc]은 얼마인가 ?

풀이 $0.785D^2LN = 0.785 \times 6 \times 6 \times 6 \times 4 = 678.2[cc]$

2 압축비(compression ratio)

압축비(compression ratio)는 피스톤이 하사점에 도달하였을 때의 실린더 총체적과 상사점에 도달하였을 때의 실린더 체적과의 비율이다.

$$\epsilon = \frac{V_s + V_c}{V_c} = 1 + \frac{V_s}{V_c}$$

$$V_s = (\epsilon - 1) \times V_c, \quad V_c = \frac{V_s}{\varepsilon - 1}$$

ε : 압축비, V_s : 행정체적(배기량)[cc]
V_c : 연소실체적(간극체적)[cc]

예 제 [Example]

02. 간극체적이 30[cc], 행정체적이 150[cc]인 엔진의 압축비를 계산하시오.

풀이 압축비= $1 + \frac{150}{30} = 6$

03. 압축비 8.5, 행정체적 225[cm³]인 기관에서 피스톤이 하사점에 있을 때의 실린더 체적([cc])을 계산하시오.

풀이 $V = V_s + V_c$

$\therefore \left(\frac{225}{8.5-1}\right) + 225 = 255$[cc]

3 마력

3.1. 도시마력(지시마력)

도시마력(indicated pferde statke)이란 실린더 내부에서 실제 발생한 마력이며, 지압계 선도 상에 나타난 압력에 의한 마력이다.

[1] 4행정 사이클 엔진의 경우

$$I_{PS} = \frac{P_{mi} \times A \times L \times N \times Z}{75 \times 60 \times 2} = \frac{P_{mi} \times A \times L \times N \times Z}{9,000}$$

I_{ps} : 도시마력, P_{mi} : 도시평균 유효압력
A : 실린더 단면적, L : 피스톤 행정
N : 크랭크축 회전속도, Z : 실린더 수

[2] 2행정 사이클 엔진의 경우

$$I_{PS} = \frac{P_{mi} \times A \times L \times N \times Z}{75 \times 60} = \frac{P_{mi} \times A \times L \times N \times Z}{4,500}$$

예 제 [Example]

04. 4행정 사이클 4기통 기관에서 피스톤 직경이 80[mm], 행정 80[mm]이다. 이 기관이 3,600[rpm]으로 회전할 때 도시평균 유효압력이 7[kgf/cm²]이다. 도시마력을 계산하시오.

풀이 $I_{PS} = \frac{7 \times 0.785 \times 8^2 \times 8 \times 3600 \times 4}{9000 \times 100} = 45[PS]$

3.2. 제동마력(축마력)

제동마력(brake pferde starke)이란 실린더 내에서 발생한 도시마력에서 기계적 손실을 뺀 것이다. 즉 크랭크축에서 발생한 마력이며, 실제 엔진의 출력을 나타낸 것이다.

$$B_{PS} = \frac{2\pi NT}{75 \times 60} = \frac{TN}{716}[PS], \quad \frac{TN}{974}[kW]$$

T : 크랭크축 회전력([kgf · m]) N : 회전속도([rpm])

예 제 [Example]

05. 3000[rpm]으로 회전하는 4행정 사이클 기관이 150[PS]의 출력을 내려면 회전축의 토크([N · m])를 계산하시오.

풀이 1[kgf]= 9.8[N]

$$T = \frac{716 \times B_{PS} \times 9.8}{N} = \frac{716 \times 150 \times 9.8}{3000} = 350.84[N \cdot m]$$

3.3. SAE마력

SAE마력은 공칭마력이라고도 부르며, 도시마력을 간략하게 표시한 것이며, 차량의 세금을 부과하는데 사용하므로 과세마력이라고도 부른다. 이 마력은 실린더 안지름과 실린더 수를 알면 산출할 수 있다.

SAE마력은 1906년 영국 왕실 자동차협회(royal automotive club)에서 제정하였다고 하여 그 머리글자를 따라 RAC마력이라고도 한다.

[1] 실린더 안지름이 [mm]인 경우

$$\text{SAE마력} = \frac{D^2N}{1613}$$

D : 실린더 안지름, N : 실린더 수

[2] 실린더 안지름이 [inch]인 경우

$$\text{SAE마력} = \frac{D^2N}{2.5}$$

예 제 [Example]

06. 실린더의 직경이 75[mm], 행정이 80[mm]인 4행정 사이클 4실린더 기관의 SAE마력을 계산하시오.

풀이 D : 실린더 직경 N : 실린더 수

$$\therefore \frac{D^2N}{1613} = \frac{75^2 \times 4}{1613} = 14$$

3.4. 연료마력

연료마력(fuel pferde starke)은 연료의 저위 발열량, 연료 소비량, 비중, 시험시간 등을 알면 산출할 수 있다.

$$F_{PS} = \frac{60CW}{632.3t} = \frac{CW}{10.5t}$$

W : 연료의 무게[kgf]= (연료의 비중× 부피로 표시한다)
C : 연료의 저위 발열량[kcal/kgf]
t : 시험시간[min]

연료 W[kgf]로부터 얻어지는 열량을 h[kcal]이라 하면 h= C × W[kcal], 또한 매 시간당 연료의 저위 발열량을 H[kcal]라 하면 H= $60C \times \frac{W}{t}$ [kcal/h]이다.

예 제 [Example]

07. 비중이 0.75, 저위발열량이 10.000[kcal]인 연료를 30분간 시험했을 때 소비량이 8[ℓ]이였다. 이때 연료마력을 계산하시오.

풀이 $F_{PS} = \frac{10000 \times 0.75 \times 8}{10 \times 30} = 200[PS]$

4 효율

4.1. 열효율

열효율이란 엔진의 출력과 그 출력을 발생하기 위하여 실린더 내에서 연소된 연료 속의 에너지와의 비율을 말한다. 종류에는 이론 열효율, 도시 열효율, 정미 열효율 등이 있으며, 가솔린엔진은 약 25~32[%], 디젤엔진은 35~40[%] 정도이다. 또 일정한 연료 소비로서 큰 출력을 내는 상태를 열효율이 높다고 한다.

4.1.1. 이론 열효율

이론 사이클에 의하여 일로 변화하여 얻은 열량과 그 사이클에 공급된 열량과의 비율을 이론 열효율(η_{th})이라고 한다. 열역학 제1법칙에서 일로 변환된 열량은 그 사이클에 공급된 열량 Q_1과 배출 열량 Q_2와의 차이를 말한다.

$$\eta_{th} = \frac{AW_{th}}{Q_1} = \frac{Q_1 - Q_2}{Q_1} = 1 - \frac{Q_2}{Q_1}$$

A : 일의 열당량(1/427[kcal/kgf · m])

W_{th} : 1사이클 중 이론적 일[kgf · m]

4.1.2. 도시(지시) 열효율

실린더 내에서 동작유체가 피스톤에 한 일(열량)과 공급 열량과의 비율을 도시 열효율(η_i)이라 하며, 동작유체가 피스톤에 한 일을 도시 일(W_i)이라 한다. 이 때 발생하는 동력을 도시마력이라 한다. 도시 일은 지압 선도에서 구할 수 있으며, 냉각손실, 흡·배기에 필요한 일, 펌프손실 등 때문에 이론 열량보다 작다. 이 때문에 도시 열효율은 이론 열효율보다 항상 적다. 도시 열효율은 다음과 같이 표시한다.

$$\eta_i = \frac{\text{도시 일}}{\text{총공급 열량}} = \frac{AW_i}{Q_1}$$

4.1.3. 정미 열효율(제동 열효율)

기관의 크랭크축이 하는 일, 즉 제동일(W_b)로 변환된 열량과 총 공급된 열량의 비율을 정미 열효율(η_b)이라고 한다.

$$\eta_b = \frac{\text{제동 일}}{\text{총공급 열량}} = \frac{AW_b}{Q_1}$$

제동 일은 도시 일에서 운동부분의 마찰, 밸브, 냉각 팬, 물 펌프 발전기 등의 보조장치를 구동하는데 필요한 일을 뺀 것이다. 엔진에 공급된 총열량은 실린더 내에서 연료의 연소에 의하여 발생되는 것이므로 연료의 저위 발열량을 H_L[kcal/kgf], 연료 소비량을 B [kgf/h]로 하면 1시간의 열 공급은 $H_L \times B$[kcal]가 된다.

이에 따라 발생하는 제동마력을 B_{PS}[PS]라 하고, 1마력 1시간 동안에 한 일을 열량의 단위로 표시하면 $\frac{75 \times 3600}{427}$ = 632.3[kcal]가 되므로 1시간에 632.3[kcal]의 제동일의 양을 얻을 수 있다.

연료의 저위발열량 단위가 [kcal/kgf]일 경우

$$\eta_b = \frac{632.3 \times B_{ps}}{H_\ell \times B} = \frac{632.3}{H_\ell \times b_e} \text{ [PS]}$$

η_b : 제동열효율, H_ℓ : 연료의 저위발열량[kJ/kgf]
B :연료소비량[kgf/h], b_e : 연료소비율

연료의 저위발열량 단위가 [kJ/kgf]일 경우

$$\eta_b = \frac{3600 \times H_{kW}}{H_\ell \times B} = \frac{3600}{H_\ell \times b_e}[kW]$$

또한 출력당 1시간동안 운전하는데 필요한 연료의 양을 연료소비율이라 한다. 이를 식으로 나타내면

$$b_e = \frac{B}{B_{PS}}$$

b_e : 연료소비율([g/PS·h] 또는 [g/kW·h])

자동차 등의 주행거리에 대한 연료소비의 비율도 연료소비율이라고 한다.

이런 경우, 예를 들면 자동차가 100[km]를 달리는 데 몇 [L]의 연료를 필요로 하는가(단위: [L]/100[km])를 표시하는 방법도 있으나, 일반적으로는 1[L]의 연료로 자동차가 달릴 수 있는 거리(단위 : [km])를 계산한다. 결과적으로 이 값이 큰 자동차가 연료소비율이 좋은 차이다.

예 제 [Example]

08. 자동차용 가솔린기관의 성능시험 결과 출력은 10.56[PS]이고, 연료 소비량은 2.565[kgf/h]이다. 제동열효율(%)을 계산하시오.(단, 가솔린 저위발열량은 10,400[kcal/kgf]이다)

풀이 $\frac{632.3 \times 10.56}{2.565 \times 10400} \times 100 = 25.03[\%]$

09. 연료 소비율이 200[g/PS-h]인 가솔린기관의 제동 열효율(%)을 계산하시오.(단, 가솔린의 저위발열량은 10,200[kcal/kgf]이다)

풀이 $\eta_b = \frac{632.3}{0.2 \times 10200} \times 100 = 31[\%]$

예 제 [Example]

10. 400[m]의 구간을 통과하는데 20초가 걸린 어느 자동차의 연료소비량은 30[cc]였다. 연료 소비율은 몇 [km/ℓ]인가 ?

풀이 연료소비율= $\frac{주행거리}{연료소비량} = \frac{0.4[km]}{0.03[\ell]} = 13[km/\ell]$

4.2. 기계효율

기계효율이란 도시마력의 일부가 엔진의 각 마찰부에 의해 손실되고 남은 마력이 제동마력으로 변환된 양을 나타낸 것이다.

$$\eta_m = \frac{B_{PS}}{I_{PS}} \times 100$$

η_m : 기계효율 B_{PS} : 제동마력
I_{PS} : 도시마력

예 제 [Example]

11. 지시마력이 56[PS]이고 기계효율이 85[%]라면 제동마력을 계산하시오.

풀이 $B_{PS} = I_{PS} \times \eta_m = 56PS \times 0.85 = 47.6[PS]$

4.3. 체적효율

$$체적효율 = \frac{실제\ 흡입\ 공기량}{총배기량} \times 100$$

예 제 [Example]

12. 4행정 사이클 4실린더 엔진의 실린더 지름이 70[mm]이고, 피스톤 행정은 90[mm]이다. 또한 이 엔진의 실제 흡입 공기량이 1,025[cc]이라면 이 엔진의 체적효율을 계산하시오.

풀이 $\frac{1025}{0.785 \times 7^2 \times 9 \times 4} \times 100 = 74[\%]$

5 기관의 착화(점화)시기

$I_t = 6Rt$

I_t : 크랭크축 회전각도(°)
R : 기관 회전속도[rpm]
t : 착화지연시간([sec])

예 제 [Example]

13. 착화 지연기간이 1/1000초, 착화 후 최고 압력에 달할 때까지의 시간이 1/1000초일 때, 2000[rpm]으로 운전되는 기관의 착화시기를 계산하시오.(단, 최고 폭발압력은 상사점 후 12° 이다)

㉮ 상사점 전 32°　　㉯ 상사점 전 36°
㉰ 상사점 전 12°　　㉱ 상사점 전 24°

풀이 $6 \times 2000 \times \frac{1}{1000} = 12°$

∴ 상사점 전 12°

6 내연기관의 사이클

6.1. 이상기체의 상태방정식

이상기체(ideal gas)는 분자 상호간에 작용력이나 분자의 크기를 고려하지 않은 기체로서, 보일-샤를의 법칙에 따르는 기체를 말한다. 즉, 압력이 0에 근접하고 기체의 밀도가 매우 낮아져서 기체 분자사이에 작용하는 분자력이 0일 때의 기체, 그리고 분자간 충돌은 완전탄성체로 볼 수 있는 기체를 말한다.

완전하게 이 법칙에 따르는 기체는 존재하지 않지만, 기체의 상태변화를 다룰 때 이상기체로 가정하여 취급한다.

6.1.1. 보일-샤를(boyle-charle)의 법칙

$$\frac{P_1 V_1}{T_1} = \frac{P_2 V_2}{T_2} = \text{일정}$$

P_1, P_2 : 압력, V_1, V_2 : 부피
T_1, T_2 : 절대온도[K]

6.1.2. 이상기체의 상태방정식

이상기체가 상태 1(P_1, v_1, T_1)에서 상태 2(P_2, v_2, T_2)로 변화하면 보일, 샤를의 법칙으로부터 이상기체의 비체적은 압력과 반비례하고 절대온도에 비례한다.

작동가스의 임의 질량(m[kg])당 상태방정식 $PV = mRT$

P : 압력, V: 부피, m : 기체상수, T : 온도

예 제 [Example]

14. 자동차의 타이어에 온도 15[℃], 압력 2[kgf/cm^2]의 공기가 1.25[m^3] 들어 있다. 이 타이어가 펑크로 바람이 새어나가 온도가 10[℃], 압력이 1.5[kgf/cm^2]로 되어 있다. 새어나간 공기량[kgf]은 ?(단, 타이어의 팽창은 없으며, 공기의 분자량은 28.97이다)

풀이 $G = \frac{PV}{RT}$

G : 공기의 무게, P: 공기의 압력
V : 공기의 체적, T: 공기의 온도
R : 공기의 분자량

(1) $G_1 = \frac{2 \times 1.25 \times 10^4}{28.97 \times (273 + 15)} = 2.996[\text{kgf}]$

(2) $G_2 = \frac{1.5 \times 1.25 \times 10^4}{28.97 \times (273 + 10)} = 2.287[\text{kgf}]$

$G_1 - G_2 = 2.996 - 2.287 = 0.709[\text{kgf}]$

6.2. 카르노 사이클

가역기관의 이상 사이클이며. 2개의 등온, 2개의 단열과정으로 작동한다.

[1] 카르노 사이클의 열효율(η_c)

$$\frac{AW}{Q_1} = \frac{Q_1 - Q_2}{Q_1} = 1 - \frac{Q_2}{Q_1} = 1 - \frac{T_2}{T_1} \ [\%]$$

T_1 : 고온, T_2 : 저온

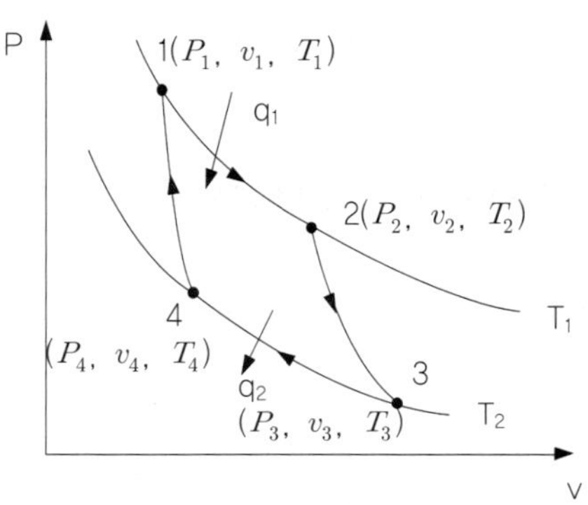

[카르노사이클]

[2] 카르노 사이클의 특징

① 작동 가스의 온도는 열원의 온도와 같다.

② 최고의 열효율을 얻는다.

③ 같은 크기의 2개의 열원 사이에서 작동하는 모든 가역사이클의 열효율은 항상 카르노사이클의 열효율과 동등하다.

④ 가역카르노 사이클은 2개의 열원의 온도만의 함수이고, 작동가스 종류와는 무관하다.

예 제 [Example]

15. 고온 327[℃], 저온 27[℃]의 온도범위에서 작동되는 카르노 사이클의 열효율은 ?

풀이 $\eta_c = 1 - \frac{T_2}{T_1} = 1 - \frac{273+27}{273+327} = 0.5 = 50[\%]$

6.3. 오토 사이클

일정한 체적 하에서 열량 q_1이 주어진다고 할 때 이 유체 1[kgf]이 이루는 사이클을 P-V선도로 나타내면 아래 그림과 같이 되는데 이것을 오토 사이클 또는 정적(등적)사이클이라 부르는 사이클이다.

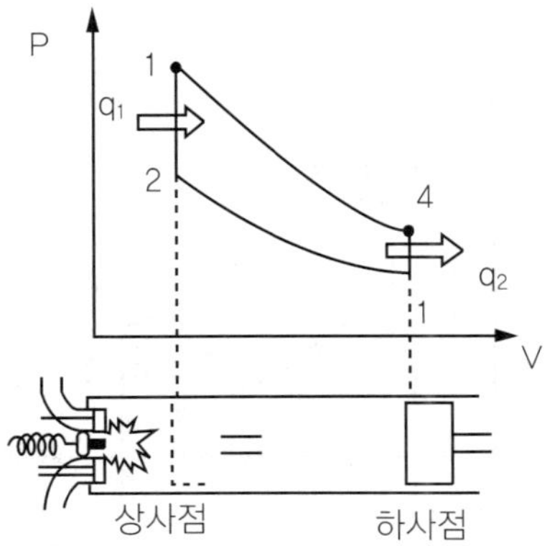

[오토 사이클 P-V 선도]

동작유체가 오토 사이클(otto cycle)에 의하여 운전되는 실용적인 엔진으로는 자동차용 가솔린 엔진이 있다. 오토 사이클의 이론 열효율 η_o는 흡열(吸熱)전후의 온도 T_2, T_3 및 방열(放熱) 전후의 온도 T_4, T_1을 사용하여 $\eta_o = 1 - \left(\frac{T_4}{T_3} - \frac{T_1}{T_2}\right)$ 또 압축비를 이용하여 $\eta_o = 1 - \left(\frac{1}{\varepsilon}\right)^{k-1}$의 공식을 구할 수 있다.

ε: 압축비　　　　　　k : 비열비

예 제[Example]

16. 가솔린기관에서 압축비 ϵ= 7, 비열비 k= 1.4일 경우 이론 열효율은 약 얼마인가 ?

풀이 $\eta_o = 1 - \left(\frac{1}{\epsilon}\right)^{k-1} = 1 - \left(\frac{1}{7}\right)^{0.4} = 54.1[\%]$

η_o : 오토사이클의 이론 열효율, ε : 압축비, k : 비열비

6.4. 디젤 사이클

동작유체를 단열 압축하여 높은 온도(500~600[℃])로 하면 연료를 분사하는 것만으로도 점화(點火)시키지 않고도 자연 착화(自然 着火)하여 일정한 압력 하에서 연소가 된다. 이와 같이 유체가 이루는 사이클을 디젤 사이클(diesel cycle) 또는 정압(등압)사이클이라 한다. 즉 동작유체 $1kg_f$가 이루는 디젤 사이클을 P-V선도로 나타내면 아래 그림과 같다.

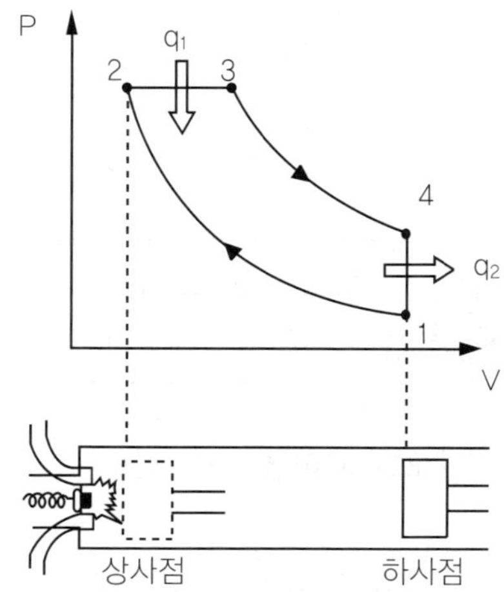

[디젤 사이클 P-V선도]

- 1 → 2(단열 압축과정) : 공기만으로 압축하는 압축행정의 상태 변화이다.
- 2 → 3(정압 수열과정) : 연료분사에 의하여 자연착화되고 열량 q_1을 수열하는 상태 변화이다.
- 3 → 4(단열 팽창과정) : 연소가스가 팽창하는 상태변화이다.
- 4 → 1(정적 방열과정) : 정적 하에서 열량 q_2를 방열하는 상태변화이다. 즉 배기밸브를 열어 가스를 실린더 밖으로 배출하는 과정이다.

디젤 사이클의 이론 열효율 η_d는

$$\text{압축비}(\epsilon) = \frac{V_1}{V_2}$$

$$\text{분사 차단비}(\sigma) = \frac{V_3}{V_2}$$

$$\eta_d = 1 - \left[\left(\frac{1}{\epsilon}\right)^{k-1} \times \frac{\sigma^k - 1}{k(\sigma - 1)}\right]$$

이다.

예 제 [Example]

17. 비열비 k= 1.4의 공기를 동작유체로 하는 디젤기관에서 압축비 ε= 15, 단절비 σ= 2일 때 이론 열효율을 계산하시오.

풀이 $\eta_d = 1 - \left[\left(\frac{1}{\epsilon}\right)^{k-1} \cdot \frac{\sigma^k - 1}{k(\sigma - 1)}\right] = 1 - \left[\left(\frac{1}{15}\right)^{0.4} \times \frac{2^{1.4} - 1}{1.4 \times (2-1)}\right]$

$= 60.37[\%]$

6.5. 사바테 사이클(sabathe cycle)

이 사이클은 사바테가 제안한 것이며 무기 분사식(無氣 噴射式) 고속 디젤엔진의 기본 사이클을 이루는 것이다. 사바테 사이클은 연소, 즉 열 공급이 정적 및 정압의 두 부분에서 행하여지므로 정적·정압 사이클 또는 복합 사이클이라고도 부른다.

특히 고속 디젤엔진에서는 확실하게 연소시키기 위하여 정압 연소뿐만 아니라 정적연소 즉 폭발까지도 일어나도록 한다. 고속 디젤엔진에서는 짧은 시간 내에 연료를 연소시킬 필요성이 있으므로 압축이 끝나기 조금 전에 연료분사를 시작하여 압축 끝에서 착화하도록 하면 그 동안에 주입된 연료는 거의 정적 하에서 연소하고, 그 후에 분사된 연료는 거의 정압 하에서 연소하게 되므로 이 복합 사이클은 고속 디젤엔진의 이론 사이클이라 생각되고 있다. 아래 그림의 동작과정을 요약하면 다음과 같다.

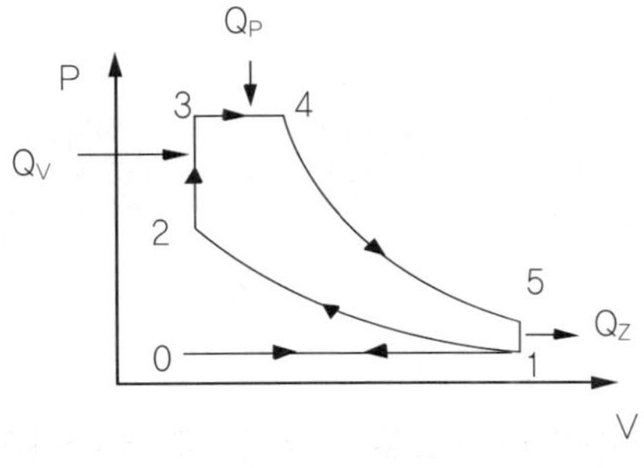

[사바테 사이클 P-V선도]

- 0 → 1 : 공기흡입
- 1 → 2 : 단열압축(공기)
- 2 → 3 : 정적가열(연료분사 연소)
- 3 → 4 : 정압가열(연료분사 연소)
- 4 → 5 : 단열팽창(연소가스)
- 5 → 1 : 정적방열(가스)
- 1 → 0 : 배기(가스)

지금 비열이 일정하다고 가정하면 이 사바테 사이클은 2중 연소이므로 이론 열효율은

$$\eta_s = 1 - \left[\left(\frac{1}{\epsilon}\right)^{k-1} \times \frac{\rho\sigma^k - 1}{(\rho-1)+k\rho(\sigma-1)}\right]$$

ρ : 폭발비

이다.

예 제 [Example]

18. 복합 사이클에서 압축비 ε= 15 : 1, 체적비 ρ= 2, 단절비 σ= 1.3, 비열비 k = 1.4일 때 이 엔진의 이론 열효율을 계산하시오.

풀이 $\eta_s = 1-\left[\left(\frac{1}{\epsilon}\right)^{k-1} \times \frac{\rho\sigma^k-1}{(\rho-1)+k\rho(\sigma-1)}\right]$

$= 1-\left[\left(\frac{1}{15}\right)^{0.4} \times \frac{2\times 1.3^{1.4}-1}{(2-1)+1.4\times 2\times(1.3-1)}\right] = 65[\%]$

7 엔진 본체부분

7.1. 실린더 벽두께

실린더 내에서의 폭발압력이 실린더벽으로 대부분 작용한다고 가정할 때, 실린더 벽두께를 계산하면 다음과 같이 된다.

$$t = \frac{PD}{2\sigma_a}$$

P : 폭발압력, D : 실린더 안지름, σ_a : 실린더 벽의 허용응력

예 제 [Example]

19. 안지름이 100[mm]인 실린더 내의 폭발 압력이 25[kgf/cm^2]일 때 실린더 벽의 두께([mm])를 계산하시오. (단, 실린더벽의 허용응력 σ_a= 2300 [kgf/cm^2]의 주철재이다)

풀이 $t = \frac{PD}{2\sigma_a} = \frac{25 \times 10}{2 \times 2300}$ = 0.054[cm]= 0.54[mm]

7.2. 실린더 벽 마멸량

실린더 벽의 마멸은 측압 쪽(크랭크축 직각 방향)이 더욱 심하며 이를 진원으로 절삭하기 위해서 최대 마멸 값을 기준으로 진원 절삭 값 0.2[mm]를 더 깎는다. 그리고 정비제원에서 실린더 지름이 70[mm] 이상인 경우에는 0.20[mm] 이상, 70[mm] 이하인 경우에는 0.15[mm] 이상 마멸된 때 보링작업을 해야 한다. 또 보링작업 후에는 바이트(bite) 자국을 지우는 호닝(horning ; 실린더 벽 다듬질작업)작업을 하여야 한다.

오버사이즈 규격에는 0.25[mm], 0.50[mm], 0.75[mm], 1.00[mm], 1.25[mm], 1.50[mm]의 6단계가 있으며 오버 사이즈 한계는 실린더 지름이 70[mm] 이상인 경우에는 1.50[mm], 70[mm] 이하인 경우에는 1.25[mm]이다.

최소보링치수= 최대 마멸량 + 0.20[mm](진원 절삭량)
수정값(O/S값)은 0.25[mm] 단계의 치수중 최소보링치수보다 큰 치수 선택

예 제 [Example]

20. 표준 내경이 78[mm]인 실린더에서 사용 중인 실린더의 내경을 측정한 결과 0.32[mm]가 마모되었을 때 보링한 후 가장 적당한 치수[mm]를 계산하시오.

풀이 보링값= 78.32+0.2 = 78.52[mm]

∴ 수정 값은 78.75[mm]로 한다.

7.3. 피스톤 평균속도

$$S_p = \frac{2NL}{60}$$

S_p : 피스톤 평균속도[m/s]　　　N : 크랭크축 회전수[rpm]

L : 피스톤 행정[m]

예 제 [Example]

21. 행정의 길이 150[mm]인 가솔린엔진에서 피스톤의 평균속도를 5 [m/sec]라면 크랭크축은 매분 몇 회전하는가를 계산하시오.

풀이 $Sp = \frac{2NL}{60}$ 에서

$$N = \frac{60 \times S_p}{2L} = \frac{5 \times 60}{2 \times 0.15} = 1000[rpm]$$

7.4. 밸브지름

$$d = D \times \sqrt{\frac{S_p}{V}}$$

d : 밸브 지름　　　D : 실린더 지름

S_p : 피스톤 평균속도　　　V : 밸브구멍을 통과하는 가스의 속도

예 제 [Example]

22. 실린더 안지름이 73[mm], 행정이 74[mm]인 4행정 사이클 4실린더 기관이 6,300[rpm]으로 회전하고 있을 때 밸브구멍을 통과하는 가스의 속도([m/s])를 계산하시오. (단, 밸브면의 평균지름은 30[mm]이고, 밸브 스템의 굵기는 무시한다)

풀이 $d = D \times \sqrt{\frac{S_p}{V}}$ 에서 $V = \frac{D^2 \times S_p}{d^2}$

① $Sp = \frac{2NL}{60} = \frac{2 \times 6300 \times 74}{2 \times 1000} = 15.54[m/s]$

② $V = \frac{D^2 \times S_p}{d^2} = \frac{73^2 \times 15.54}{30^2} = 92.01[m/s]$

7.5. 밸브개폐 각도

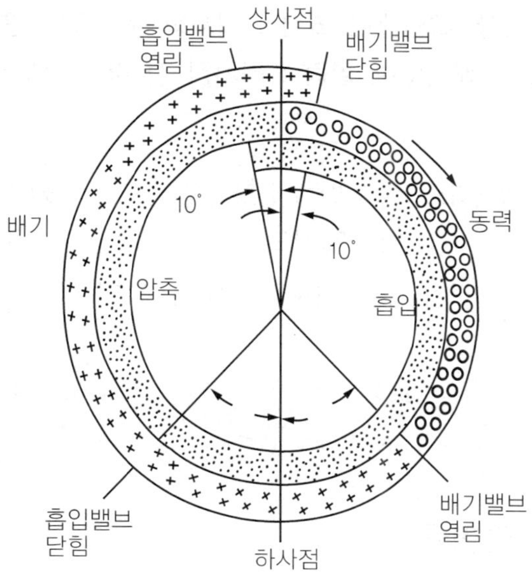

[4행정 사이클 엔진의 밸브개폐시기]

[1] 흡입밸브

흡입밸브 열림각도 = 흡입밸브 열림 시작각도 + 180°+ 흡입밸브 닫힘 시작각도

[2] 배기밸브

배기밸브 열림각도 = 배기밸브 열림 시작각도 + 180°+ 배기밸브 닫힘 시작각도

[3] 밸브 오버랩

밸브 오버랩 = 흡입밸브 열림각도 + 배기밸브 닫힘각도

✔예 제 [Example]

23. 4행정 사이클 엔진의 밸브개폐시기가 다음과 같다. 흡입밸브의 열림을 계산하시오. (단, 흡입밸브 열림 : 상사점 전 15°, 흡입밸브 닫힘 : 하사점 후 50°, 배기밸브 열림 : 하사점 전 45°, 배기밸브 닫힘 : 상사점 후 10°)

풀이 흡입밸브 열림각도= 흡입밸브 열림시작 각도 + 180° + 흡입밸브 닫힘시작 각도

$= 15° + 180° + 50° = 245°$

8 냉각장치

8.1. 라디에이터 코어 막힘율

$$\text{라디에이터 코어 막힘율} = \frac{\text{신품 용량} - \text{사용품 용량}}{\text{신품 용량}} \times 100$$

✔예 제 [Example]

24. 신품 라디에이터 주수량이 25[ℓ]이다. 사용 중(신품과 동일형)인 라디에이터 막힘이 22[%]이였다면 이때 이 라디에이터의 주수량[ℓ]은 얼마인가?

풀이 (1) 라디에이터 막힘량 = 25[ℓ] × 0.22 = 5.5[ℓ]

(2) 사용 중인 라디에이터 주수량= 25[ℓ] − 5.5[ℓ]= 19.5[ℓ]

8.2. 냉각수 온도를 상승시키는데 필요한 열량

$$Q = (t_2 - t_1) \times \rho \times C \times V$$

Q : 냉각수 온도를 상승시키는데 필요한 열량

t_2 : 나중온도, t_1 : 처음온도

ρ: 냉각수 밀도, C : 비열, V : 냉각수 용량

예 제 [Example]

25. 냉각수 용량이 10[ℓ]인 기관에서 냉각수 온도를 20[℃]에서 100[℃]로 상승시키는데 필요한 열량([kJ])을 계산하시오.(단 냉각수 밀도 ρ = 1.1 [kg/ℓ], 비열 C= 3.96[kJ/kgf]이고, 열 손실은 무시한다)

풀이 $Q = (t_2 - t_1) \times \rho \times C \times V = (100-20) \times 1.1 \times 3.96 \times 10 = 3485[kJ]$

9 가솔린엔진 연료장치

9.1. 공연비

$$M_r = \frac{A_g}{F_g}$$

M_r : 공연비
A_g : 공기의 중량(공기의 비중량×공기소비량)
F_g : 연료의 중량

예 제 [Example]

26. 연료 7.2[kgf]을 연소시키는데 비중량 1.29[kgf/m^3]인 공기 91.5[m^3]를 소비한 엔진이 있다. 이 기관의 공연비를 계산하시오.

풀이 $M_r = \frac{A_g}{F_g} = \frac{1.29 \times 91.5}{7.2} = 16.4$

9.2. 필요 공기량

$$A_o = V \times \gamma \times M_r$$

A_o : 필요 공기량, γ : 연료의 비중
M_r : 혼합비, V : 연료의 부피ℓ

예 제 [Example]

27. 가솔린 300[cc]를 연소시키기 위하여 필요한 공기의 양[kgf]을 계산하시오. (단, 혼합비는 15, 가솔린의 비중은 0.75로 취한다)

풀이 $A_O = V \times \gamma \times M_r = 0.3[\ell] \times 0.75 \times 15 = 3.37[kgf]$

9.3. 압축일

$$W_c = C_v \times (t_1 - t_2)$$

W_c : 혼합가스 1[kgf]당 압축일
C_v : 정적비열
t_1 : 처음온도
t_2 : 나중온도

예 제 [Example]

28. 연소실이 단열상태라 가정하면, 흡입된 혼합가스를 압축하여 혼합가스의 온도가 25[℃]에서 200[℃]까지 상승하였다. 이때 혼합가스 1[kgf]당의 압축일을 계산하시오.(단, 혼합가스의 정적 비열은 0.8213[kJ/kgf · K]으로 일정하다)

풀이 $W_c = C_v \times (t_1 - t_2) = (25-200) \times 0.8213 = -143.7[kJ/kgf]$

Chapter Ⅲ 실력평가

01. 출력 50[kW]의 엔진을 1분간 운전했을 때의 제동출력이 전부 열로 바뀐다면 몇 [kJ]인가 ?

㉮ 2500[kJ]　　㉯ 3000[kJ]

㉰ 3500[kJ]　　㉱ 4000[kJ]

풀이 50[kW] × 60초 = 3000[kJ]

정답 ㉯

02. 실린더 안지름 및 행정이 78[mm]인 4실린더 기관의 총 배기량은 얼마인가 ?

㉮ 198[cm^3]　　㉯ 1490[cm^3]

㉰ 1670[cm^3]　　㉱ 1587[cm^3]

풀이 $0.785D^2LN = 0.785 \times 7.8^2 \times 7.8 \times 4 = 1490[cm^3]$

정답 ㉯

03. 실린더 안지름 80[mm], 행정이 70[mm]인 4실린더 4행정 기관에서 회전수가 2000 [rpm]이라면, 분당 총 배기량은 약 몇 [L]인가 ?

㉮ 약 1600.2[L]　　㉯ 약 1492.4[L]

㉰ 약 1500.5[L]　　㉱ 약 1406.7[L]

풀이 $V_3 = \frac{1}{2} V \times N \times R[cc/min] = \frac{0.785 \times 8^2 \times 7 \times 4 \times 2000}{2 \times 1000} = 1406.7$

V_3 : N개의 실린더가 있는 엔진의 매분 당 총배기량

R : 엔진의 회전속도[rpm]

정답 ㉱

04. 2행정 사이클(cycle) 엔진에서 평균 유효압력이 5[kgf/cm^2]인 한 개의 기통(cylinder)이 한번 폭발할 때 일(work)이 20[kg_f-m]이라고 한다. 이때 배기량(행정용적)은 ?

㉮ 300[cc] ㉯ 400[cc]

㉰ 500[cc] ㉱ 600[cc]

풀이 배기량= $\frac{20[kg_f \cdot m] \times 100}{5[kg_f/cm^2]}$ = 400[cc]

정답 ㉯

05. 연소실 체적이 75[cm^3], 행정체적이 1500[cm^3]인 디젤기관의 압축비는 ?

㉮ 15 : 1 ㉯ 18 : 1

㉰ 21 : 1 ㉱ 25 : 1

풀이 $\epsilon = \frac{V_s + V_c}{V_c} = 1 + \frac{V_s}{V_c}$ = 1 + $\frac{1500}{75}$ = 21 ε: 압축비, V_s: 행정체적, V_c: 연소실 체적

정답 ㉰

06. 간극 체적 60[cc], 압축비 10인 실린더의 배기량은 ?

㉮ 540[cc] ㉯ 560[cc]

㉰ 580[cc] ㉱ 600[cc]

풀이 $V_s = (\epsilon - 1) \times V_c$ = (10-1)×60= 540[cc] ε: 압축비, V_s: 행정체적, V_c: 연소실 체적

정답 ㉮

07. 피스톤 지름이 100[mm], 크랭크축 회전의 반경이 50[mm]인 기관에서 압축비를 9 : 1로 만들려면 연소실 체적은 ?

㉮ 72.2[cm^3] ㉯ 78.4[cm^3]

㉰ 88.4[cm^3] ㉱ 98.2[cm^3]

풀이 $V_C = \frac{0.785 \times D^2 \times 2r}{\epsilon - 1} = \frac{0.785 \times 10^2 \times 2 \times 5}{9 - 1}$ = 98.2[cm^3]

D : 피스톤 지름, ε: 압축비, r : 크랭크축 회전반경

정답 ㉱

08. 평균유효압력 P_m= 4[kgf/cm^2], V= 50[cc]의 2사이클 엔진이 있다. 1회의 폭발로 몇 [kgf・m]의 일을 하는가 ?

㉮ 1[kgf・m]	㉯ 2[kgf・m]
㉰ 3[kgf・m]	㉱ 4[kgf・m]

풀이 W= P_m×V = 4[kgf/cm^2]×50[cc]= 200[kgf・cm]= 2[kgf・m]

W : 일, V : 체적, P_m : 평균유효압력

정답 ㉯

09. 총배기량 1400[cc]인 4행정 기관이 2000[rpm]으로 회전하고 있다. 이때의 도시평균 유효압력이 10[kgf/cm^2]이면 도시마력은 몇 [PS]인가 ?

㉮ 31.1	㉯ 62.2
㉰ 131.4	㉱ 1866

풀이 $I_{PS} = \frac{P_{mi} \times A \times L \times N \times Z}{75 \times 60 \times 2} = \frac{P_{mi} \times A \times L \times N \times Z}{9,000} = \frac{10 \times 1400 \times 2000}{9000 \times 100}$ = 31.1[PS]

P_{mi} : 도시평균 유효압력, A : 실린더 단면적

L : 피스톤 행정

N : 크랭크축 회전속도, Z : 실린더 수

정답 ㉮

10. 4행정 사이클 기관의 실린더 내경과 행정이 100[mm] × 100[mm]이고, 회전수가 1800[rpm]이다. 축 출력은 몇 [ps]인가 ?(단, 기계효율은 80[%]이며, 도시평균 유효압력은 9.5[kgf/cm^2]이고, 4기통 기관이다)

㉮ 35.2[ps]	㉯ 39.6[ps]
㉰ 43.2[ps]	㉱ 47.8[ps]

풀이 ① $I_{ps} = \frac{9.5 \times 0.785 \times 10^2 \times 10 \times 1800 \times 4}{9,000 \times 100}$ = 59.66[PS]

② 축출력(B_{PS})= 도시마력(I_{PS})×기계효율(η_m)

= 59.66[PS]×0.8 = 47.8[PS]

정답 ㉱

11. 기관의 토크 T[Nm], 회전수 n[rpm], 출력 P[W]라 한다면, 다음 중 맞는 공식은 ?

㉮ $P=\frac{Tn}{60}$　　㉯ $P=\frac{2Tn}{60}$

㉰ $P=\frac{2\pi Tn}{60}$　　㉱ $P=\frac{Tn}{60\pi}$

정답 ㉰

12. 기관 출력시험에서 크랭크축에 밴드 브레이크를 감고 3[m]의 거리에서 끝의 힘을 측정하였더니 4.5[kgf], 기관 속도계가 2800[rpm]을 지시하였다면 이 기관의 제동마력은 ?

㉮ 약 84.1[PS]　　㉯ 약 65.3[PS]

㉰ 약 52.6[PS]　　㉱ 약 48.2[PS]

풀이 $B_{PS}=\frac{2\pi NT}{75\times 60}=\frac{TN}{716}$

$=\frac{4.5\times 3\times 2800}{716}=52.8[PS]$

T : 크랭크축 회전력[kgf.m], N : 크랭크축 회전속도[rpm]

정답 ㉰

13. 2000[rpm]에서 10[kgf · m]의 토크를 내는 기관 A와 800[rpm]에서 25[kgf · m]의 토크를 내는 기관 B가 있다. 이 두 상태에서 A와 B의 출력을 비교하면 ?

㉮ A 〉 B이다.　　㉯ A 〈 B이다.

㉰ A= B이다.　　㉱ 비교할 수 없다.

풀이 ① 2000[rpm]에서 10[kgf · m]의 토크를 내는 기관의 출력= $\frac{2000\times 10}{716}$ = 27.9[PS]

② 800[rpm]에서 25[kgf · m]의 토크를 내는 기관의 출력= $\frac{800\times 25}{716}$ = 27.9[PS]

정답 ㉰

14. 대형 화물자동차에서 기관의 회전속도가 2500[min^{-1}]일 때 기관의 회전토크는 808[N · m]이였다. 이때 기관의 제동출력은 ?

㉮ 약 561.1[kW]　　㉯ 약 269.3[kW]

㉰ 약 7.48[kW]　　㉱ 약 211.5[kW]

풀이 $H_{kW} = \frac{2\pi NT}{60 \times 1000} = \frac{2 \times \pi \times 2500 \times 808}{60 \times 1000} = 211.53[kW]$

H_{kW} : 동력([kW]), T : 회전력[kgf · m], N : 회전속도[rpm]

정답 라

15. 배기량 400[cc], 연소실 체적 50[cc]인 가솔린기관에서 [rpm]이 3000[rpm]이고, 축 토크가 8.95[kgf-m]일 때 축 출력은 ?

가 약 15.5[PS]　　나 약 35.1[PS]

다 약 37.5[PS]　　라 약 38.1[PS]

풀이 $B_{PS} = \frac{TN}{716} = \frac{8.95 \times 3000}{716} = 37.5[PS]$　B_{PS} : 축(제동)마력, T : 회전력(토크), N : 회전속도

정답 다

16. 프로니 브레이크를 사용하여 디젤기관을 시험하였더니 기관의 속도가 1200[rpm]에서 처음의 계량이 250[kgf]이었다. 이 기관의 제동마력은 얼마인가 ?(단, 불평형 하중은 26[kgf]이고 암의 길이는 0.6[m]이다)

가 272.35[PS]　　나 254.63[PS]

다 225.07[PS]　　라 200.45[PS]

풀이 제동마력= $\frac{(250-26) \times 0.6 \times 1200}{716} = 225.25[PS]$

정답 다

17. 내경 87[mm], 행정 70[mm]인 6기통 기관의 출력은 회전속도 5600[rpm]에서 90[kW]이다. 이 기관의 비체적 출력 즉, 리터 출력([kW/L])은 ?

가 6[kW/L]　　나 9[kW/L]

다 15[kW/L]　　라 36[kW/L]

풀이 $L_{kW} = \frac{H_{kW}}{V_2} = \frac{90}{0.785 \times 8.7^2 \times 7 \times 6} = 36[kW/L]$

L_{kW} : 리터 출력, H_{kW} : 기관의 출력, V_2 : 총배기량

정답 라

18. SAE마력을 산출하는 방식이 맞는 것은 ?(단, D는 실린더 지름, N은 실린더 수를 나타내며, 단위는 [inch] 임)

㉮ $\frac{D^2N}{2.5}$ ㉯ $\frac{TR}{716}$

㉰ $\frac{DN}{1613}$ ㉱ $\frac{DN}{2.5}$

풀이 ① 실린더 안지름의 단위가 in일 때 $\frac{D^2N}{2.5}$

② 실린더 안지름의 단위가 mm일 때 $\frac{D^2N}{1613}$

정답 ㉮

19. 실린더 내경이 72[mm]인 6기통 엔진의 SAE마력은 약 얼마인가 ?

㉮ 12.9[PS] ㉯ 129[PS]

㉰ 193[PS] ㉱ 19.3[PS]

풀이 SAE마력= $\frac{D^2N}{1613} = \frac{72^2 \times 6}{1613}$ = 19.3[PS]

정답 ㉱

20. 어떤 기관에서 비중 0.75, 저발열량 10500[kcal/kg]의 연료를 사용하여 0.5시간 시험하였더니 연료 소비량은 5[L]이었다. 이 기관의 연료마력은 ?

㉮ 100[PS] ㉯ 125[PS]

㉰ 150[PS] ㉱ 180[PS]

풀이 $F_{PS} = \frac{CW}{10.5t} = \frac{10500 \times 0.75 \times 5}{10.5 \times 30}$ = 125[PS]

W : 연료의 무게([kgf]) = (연료의 비중×부피), C : 연료의 저위 발열량([kcal]), t : 시험시간(分)

정답 ㉯

21. 4행정 기관이 25마력으로 10분 동안 한 일을 열량으로 표시하면 몇 [kcal]인가 ?

㉮ 2543.29 ㉯ 2634.67

㉰ 2968.45 ㉱ 3272.53

풀이 열량 $= \frac{632.3 \times 25 \times 10}{60}$ = 2634.67[kcal]

정답 ㉯

22. 기관의 제동마력이 380[PS], 시간당 연료소비량 80[kg], 연료 1[kg]당 저위발열량이 10000[kcal]일 때 제동 열효율은 얼마인가 ?

㉮ 13.3[%] ㉯ 30[%]

㉰ 35[%] ㉱ 60[%]

풀이 $\eta_b = \frac{632.3 \times PS}{H_\ell \times B} \times 100 = \frac{632.3 \times 380}{80 \times 10000} \times 100 = 30[\%]$

η_b : 제동 열효율, PS : 제동마력

B : 연료 소비량, H_t : 연료 저위발열량

정답 ㉯

23. 제동 연료 소비율 191[g/PS-h], 연료의 저위 발열량 10250[kcal/kgf]인 기관의 제동 열효율은 ?

㉮ 0.032[%] ㉯ 0.32[%]

㉰ 32.3[%] ㉱ 323.6[%]

풀이 $\eta_b = \frac{632.3}{be \times H_\ell} = \frac{632.3}{0.191 \times 10250} \times 100 = 32.3[\%]$ b_e : 연료 소비율[g/PS-h]

정답 ㉰

24. 저위발열량이 44,800[kJ/kgf]인 연료를 시간당 20[kgf]을 소비하는 기관의 제동출력이 90[kW]이다. 이 기관의 제동 열효율은 ?

㉮ 28[%] ㉯ 32[%]

㉰ 36[%] ㉱ 41[%]

풀이 $\eta_b = \frac{3600 \times H_{kW}}{H_\ell \times B} = = \frac{3600 \times 90}{20 \times 44800} \times 100 = 36[\%]$

H_{kW} : 출력, B : 연료 소비량, H_ℓ : 연료 저위발열량

정답 ㉰

25. 어떤 기관의 제동 연료 소비율은 300[g/kWh]이다. 연료의 저위발열량이 42000[kJ/kgf]일 경우, 이 기관의 제동 열효율은 ?

㉮ 약 23.3[%] ㉯ 약 71.4[%]

㉰ 약 28.6[%] ㉱ 약 1.4[%]

풀이 $\eta_b = \frac{3600}{0.3 \times 42000} \times 100$ = 28.57[%]

정답 다

26. 제동마력이 120[PS]인 디젤기관이 24시간에 720[L]를 소비하였다. 이 기관의 연료 소비율은 얼마인가 ?(단, 비중은 0.9이다)

가 18[g/ps−h] 나 120[g/ps−h]
다 225[g/ps−h] 라 285[g/ps−h]

풀이 $b_e = \frac{B \times \gamma}{B_{PS} \times H} = \frac{720\ell \times 0.9 \times 1000}{120[PS] \times 24[H]}$ = 225[g/PS-h]

be : 연료 소비율, B : 연료소비량, B_{PS} : 제동마력, H : 기관 가동시간

정답 다

27. 자동차로 15[km]의 거리를 왕복하는데 40분이 걸렸다. 이때 연료소비는 1830[cc]이였다. 왕복할 때의 평균속도와 연료 소비율은 약 얼마인가 ?

가 22.5[km/h], 12[km/L] 나 45[km/h], 16[km/L]
다 50[km/h], 20[km/L] 라 60[km/h], 25[km/L]

풀이 ① 왕복평균속도 : $\frac{15 \times 2 \times 60}{40}$ = 45[km/h]

② 왕복할 때의 연료 소비율 : $\frac{15 \times 2}{1.83}$ = 16.3[km/ℓ]

정답 나

28. 연료 3[L]로 100[km]를 주행하는 자동차가 있다. 연료의 저위발열량은 42000[kJ/kgf]이고, 밀도는 0.78[kgf/L]이다. 100[km] 주행할 때 소비하는 총열량은 ?

가 126000[kJ] 나 98280[kJ]
다 14000[kJ] 라 1260[kJ]

풀이 $H_{kcal} = V \times H_{\ell} \times \rho$ = 3[ℓ] × 42000[kJ/kgf] × 0.78[kgf/ℓ] = 98280[kJ]

H_{kcal} : 총열량, V : 연료의 체적, H_ℓ : 연료의 저위 발열량, ρ : 연료의 밀도

정답 나

29. 가솔린기관의 열 손실을 측정한 결과 냉각수에 의한 손실이 25[%], 배기 및 복사에 의한 열 손실이 35[%]이였다. 기계효율이 90[%]라면 정미효율은 몇 [%]인가 ?

㉮ 54[%] ㉯ 36[%]
㉰ 32[%] ㉱ 20[%]

풀이 ① 도시효율= 1-(0.25+0.35) = 0.4= 40[%]

② 정미효율= 지시효율×기계효율= (0.4×0.9)×100= 36[%]

정답 ㉯

30. 내연기관에서 기계효율을 구하는 공식인 것은 ?

㉮ $\frac{\text{마찰마력}}{\text{제동마력}} \times 100[\%]$

㉯ $\frac{\text{도시마력}}{\text{이론마력}} \times 100[\%]$

㉰ $\frac{\text{제동마력}}{\text{도시마력}} \times 100[\%]$

㉱ $\frac{\text{마찰마력}}{\text{도시마력}} \times 100[\%]$

풀이 기계효율= $\frac{\text{제동마력}}{\text{도시마력}} \times 100[\%]$

정답 ㉰

31. 지시마력(IHP)이 100PS이고 제동마력(BHP)이 70[PS]이라면 기계효율은 얼마인가 ?

㉮ 80[%] ㉯ 70[%]
㉰ 60[%] ㉱ 20[%]

풀이 $\eta_m = \frac{70}{100} \times 100 = 70[\%]$

정답 ㉯

32. 기관을 동력계에 의하여 출력을 측정하였더니 3000[rpm]에서 60마력이 발생하였다. 이 기관의 지시마력은 ? (단, 기계효율은 80[%]이다)

㉮ 48마력 ㉯ 50마력
㉰ 82마력 ㉱ 75마력

풀이 $I_{PS} = \frac{B_{PS}}{\eta_m} = \frac{60}{0.8} = 75[PS]$

정답 라

33. 어떤 디젤기관의 회전수가 2400[rpm], 분사지연과 착화지연 시간은 모두 합쳐 1/600초라면 크랭크각도로 보아 상사점 몇도 전에 연료를 분사하여야 하는가 ?(단, 최대 폭발압력은 상사점에서 발생한다)

가 6°　　나 12°

다 18°　　라 24°

풀이 $I_t = 6 \times 240 \times \frac{1}{600} = 24°$

정답 라

34. 기관의 회전속도가 1800[rpm]일 때 20°의 착화지연의 착화지연시간은 얼마인가 ?

가 2.77[ms]　　나 0.10[ms]

다 66.66[ms]　　라 1.85[ms]

풀이 $I_t = 6Rt$에서 $\therefore t = \frac{I_t}{6R} = \frac{20 \times 1000}{6 \times 1800} = 1.85[ms]$

정답 라

35. 압축상사점에서 연소실체적 V_c= 0.1[L], 이때의 압력은 P_c= 30[bar]이다. 체적이 1.1[L]로 커지면 압력은 몇 [bar]가 되는가 ?(단, 동작유체는 이상기체이며, 등온과정으로 가정)

가 약 2.73[bar]　　나 약 3.3[bar]

다 약 27.3[bar]　　라 약 33[bar]

풀이 $P_1 V_1 = P_2 V_2$에서

$$P_2 = \frac{P_1 V_1}{V_2} = \frac{0.1 \times 30}{1.1} = 2.73[bar]$$

정답 가

36. 내연기관의 연소가 정적 및 정압 상태에서 이루어지기 때문에 2중 연소 사이클이라고 하는 것은 ?

㉮ 오토 사이클 ㉯ 디젤 사이클

㉰ 사바테 사이클 ㉱ 카르노 사이클

정답 ㉰

37. 어떤 오토 사이클 기관의 실린더 간극체적이 행정체적의 15[%]일 때, 이 기관의 이론열효율은 몇 [%]인가 ?(단, 비열비 = 1.4)

㉮ 39.23[%] ㉯ 46.23[%]

㉰ 51.73[%] ㉱ 55.73[%]

풀이 ① 압축비$(\epsilon) = 1 + \frac{Vs}{Vc} = 1 + \frac{100}{15}$ = 7.67

② $\eta_o = 1 - \left(\frac{1}{7.67}\right)^{0.4}$ = 0.5574

정답 ㉱

38. 직경 75[mm], 행정 80[mm]인 4행정 사이클 디젤기관의 간극체적이 20[cc], 체절비가 2.3이다. 이 기관을 이론적인 디젤 사이클로 가정하면 이 기관의 열효율은 얼마인가 ?(단, k = 1.3이다)

㉮ 42.3[%] ㉯ 45.2[%]

㉰ 48.3[%] ㉱ 51.2[%]

풀이 ① 압축비$(\epsilon) = 1 + \frac{Vs}{Vc} = 1 + \frac{0.785 \times 7.5^2 \times 8}{20}$ = 18.67

② $\eta_o = 1 - \left[\left(\frac{1}{18.67}\right)^{0.3} \times \frac{2.3^{1.3} - 1}{1.3 \times (2.3 - 1)}\right] \times 100[\%]$ = 51.2[%]

정답 ㉱

39. 가솔린기관의 실린더 벽 두께를 4[mm]로 만들고자 한다. 이 때 실린더 직경은 ? (단, 폭발압력은 40[kgf/cm^2]이고, 실린더 벽의 허용응력이 360[kgf/cm^2]이다)

㉮ 62[mm] ㉯ 72[mm]

㉰ 82[mm] ㉱ 92[mm]

풀이 $t = \frac{PD}{2\sigma_a}$ 에서 $D = \frac{2\sigma_a \times t}{P} = \frac{2 \times 360 \times 0.4}{40} = 7.2[cm] = 72[mm]$

정답 나

40. 디젤 사이클의 P-V선도를 설명한 것 중 틀린 것은 ?

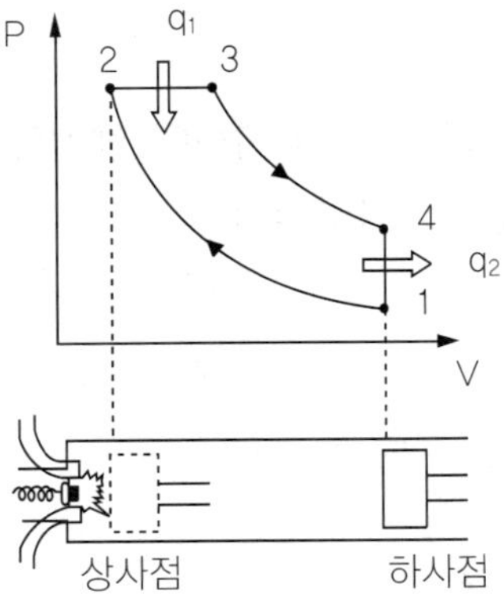

가 1 → 2 : 단열 압축과정

나 2 → 3 : 정압 방열과정

다 3 → 4 : 단열 팽창과정

라 4 → 1 : 정적 방열과정

정답 나

41. 어떤 자동차 기관의 실린더 내경이 78.280[mm]로 마모가 되어 커졌다 한다. 표준치가 78[mm]일 경우 수정 값은 얼마이겠는가 ?

가 78.00[mm]

나 78.25[mm]

다 78.50[mm]

라 78.75[mm]

풀이 보링값 = 78.280[mm]+0.2 = 78.40[mm]

∴ 수정값은 78.50[mm]로 한다.

정답 다

42. 밸브의 양정이 15[mm]일 때 일반적으로 밸브의 지름은 ?

가 60[mm]

나 50[mm]

다 40[mm]

라 20[mm]

풀이 d= 4h= 4×15[mm]= 60[mm]   d : 밸브지름, h : 밸브 양정

정답 가

43. 피스톤 행정 100[mm]인 기관이 2,000[rpm]으로 회전하고 있을 때 피스톤의 평균 속도는 매초 몇 [m]인가 ?

㉮ 5.7[m/s]　　㉯ 6.7[m/s]
㉰ 7.7[m/s]　　㉱ 8.7[m/s]

풀이 $S_p = \frac{2NL}{60} = \frac{2\times 2000\times 100}{60\times 1000} = 6.7[m/s]$

S_p : 피스톤 평균속도[m/s], N : 크랭크축 회전속도[rpm], L : 피스톤 행정[m]

정답 ㉯

44. 실린더 내경이 73[mm], 행정이 74[mm]인 4행정 사이클 4실린더 기관이 6,300 [rpm]으로 회전하고 있을 때, 밸브구멍을 통과하는 가스의 속도는 ?(단, 밸브 면의 평균지름은 30[mm]이고, 밸브 스템의 굵기는 무시한다)

㉮ 62[m/sec]　　㉯ 72[m/sec]
㉰ 82[m/sec]　　㉱ 92[m/sec]

풀이 ① $S = \frac{2NL}{60} = \frac{2\times 6300\times 74}{60\times 1000} = 15.54[m/s]$

N : 기관 회전속도, L : 피스톤 행정

② $d = D\sqrt{\frac{S}{V}}$

d : 밸브지름, D : 실린더 안지름　S : 피스톤 평균속도,　V : 가스 흐름속도에서

$V = \frac{D^2\times S}{d^2} = \frac{73^2\times 15.54}{30^2} = 92.01[m/s]$

정답 ㉱

45. 그림에서 크랭크축 벨트 풀리의 회전수가 2600[rpm]일 때 발전기 벨트 풀리의 회전수는 ?(단, 풀리와 벨트사이의 미끄럼은 무시한다.

㉮ 867[rpm]
㉯ 3900[rpm]
㉰ 5200[rpm]
㉱ 7800[rpm]

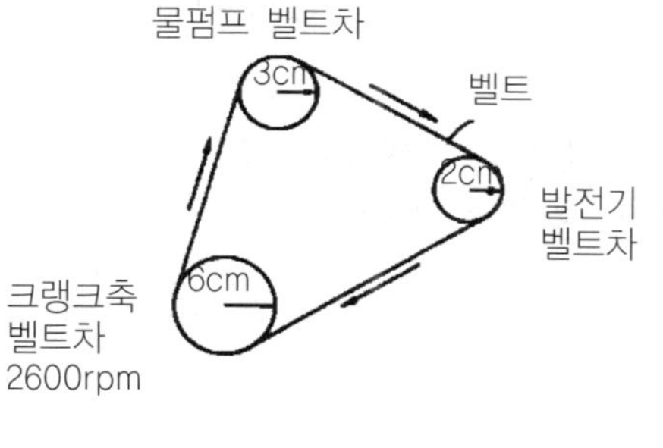

풀이 $\frac{\text{크랭크축 풀리 회전수}}{\text{발전기 풀리 회전수}} = \frac{\text{발전기 풀리 반지름}}{\text{크랭크축 풀리 반지름}}$

발전기 풀리 회전속도= $\frac{2600 \times 6}{2}$ = 7800[rpm]

정답 라

46. 라디에이터의 코어 막힘률이 18[%]라면 라디에이터의 실제 용량은 몇 리터인가 ?

가 4.75　　나 5.74

다 6.32　　라 6.75

풀이 7[ℓ] × 0.18 = 1.26[ℓ]

라디에이터의 실제 용량 = 7[ℓ] - 1.26[ℓ]= 5.74[ℓ]

정답 나

47. 라디에이터에 부은 물의 양은 1.96[L]이고, 동형의 신품 라디에이터에 2.8[L]의 물이 들어갈 수 있다면 이때 라디에이터 코어의 막힘은 몇 [%]인가 ?

가 15　　나 20

다 25　　라 30

풀이 라디에이터 코어 막힘률= $\frac{\text{신품 용량} - \text{사용품 용량}}{\text{신품 용량}} \times 100 = \frac{2.8 - 1.96}{2.8} \times 100 = 30[\%]$

정답 라

48. 디젤기관에서 연소실 공기온도가 20[℃]에서 400[℃]로 상승할 때 압력이 45[ata] 되려면 압축비는 얼마로 하여야 하는가 ?

가 17.8 : 1　　나 18.3 : 1

다 19.6 : 1　　라 21.3 : 1

풀이 $P = \epsilon \times \frac{T_2}{T_1}$ 에서 $\epsilon = P \times \frac{T_1}{T_2} = \frac{45 \times (273 + 20)}{(273 + 400)} = 19.6$

P : T_2에서의 압력,　T_1 : 압축 전의 온도

T_2 : 압축 후의 온도,　ε : 압축비

정답 다

49. 어떤 가솔린기관의 밸브 타이밍이 그림과 같다고 한다면 밸브의 오버랩은 몇 도인가 ?

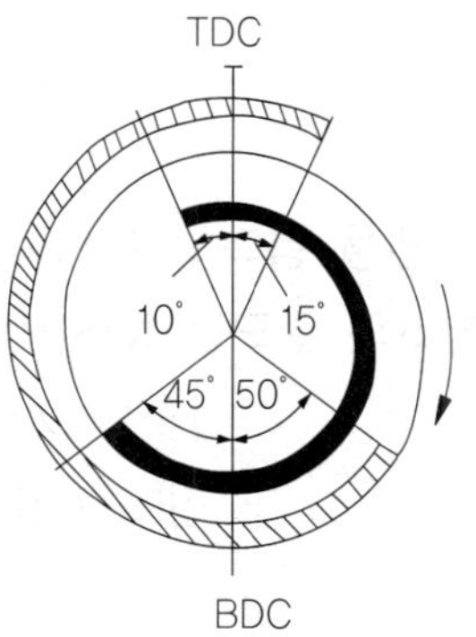

㉮ 10°　　　㉯ 45°

㉰ 25°　　　㉱ 50°

풀이 밸브 오버랩 = 흡입밸브 열림 각도+배기밸브 닫힘 각도= 10+15 = 25°

정답 ㉰

50. 4행정 디젤기관에서 각 실린더의 분사량을 측정하였더니 최대 분사량은 80[cc], 최소 분사량은 60[cc]일 때 평균 분사량이 70[cc]이면 분사량의 (+)불균율은 ?

㉮ 약 9[%]　　　㉯ 약 14[%]

㉰ 약 18[%]　　　㉱ 약 20[%]

풀이 (+)불균율= $\frac{\text{최대분사량} - \text{평균분사량}}{\text{평균분사량}} \times 100 = \frac{80-70}{70} \times 100 = 14.3[\%]$

정답 ㉯

51. 4행정 사이클 디젤기관의 분사펌프 제어 래크를 전부하 상태로 최대 회전수를 2000[rpm]으로 하여 분사량을 시험하였더니 1실린더 107[cc], 2실린더 115[cc], 3실린더 105[cc], 4실린더 93[cc]일 때 수정할 실린더의 수정치 범위는 얼마인가 ? (단, 전부하시 불균율 4[%]로 계산한다)

㉮ 100.8∼109.2[cc]　　　㉯ 100.1∼100.5[cc]

㉰ 96.3∼103.6[cc]　　　㉱ 89.7∼95.8[cc]

풀이 ① 평균 분사량 = $\frac{107+115+105+93}{4} = 105[cc]$

② 105×0.04 = 4.2

③ (+)불균율 : 105+4.2 = 109.2[cc]

④ (-)불균율 : 105-4.2 = 100.8[cc]

정답 가

52. 배기가스가 직경 5[cm]의 배기관을 통과하고 있다. 유속이 50[m/s]일 때 통과하는 배기가스의 양은 ? (단, 배기가스의 밀도는 15[kg/m^3]이다)

가 1.471[kg/s]　　나 1.634[kg/s]

다 1.875[kg/s]　　라 2.121[kg/s]

➡ $Q = AV\rho = 0.785 \times 0.05^2 \times 50 \times 15 = 1.471$[kg/s]

Q : 배기 가스량,　A : 배기관 단면적,　ρ: 배기가스 밀도

정답 가

53. 어떤 기관에서 연료 10.4[kg]을 연소시키는데 152[kg]의 공기를 소비하였다. 공기와 연료의 비는 ?(단, 공기의 밀도는 1.29[kg/m^3]이다)

가 14.6[kg] 공기 /1[kg] 연료

나 14.6[m^3] 공기 /1[m^3] 연료

다 12.6[kg] 공기 /1[kg] 연료

라 12.6[m^3] 공기 /1[m^3] 연료

➡ 연료비= $\frac{\text{공기중량}}{\text{연료중량}} = \frac{152}{10.4} = 14.6$

∴ 연료의 비는 공기 14.6[kg]/연료 1[kg]이다.

정답 가

CHAPTER 기초 자동차 해석 | Fundamental Automotive Analysis

IV 자동차 전기

1 전기의 개요

1.1. 전류·전압 및 저항

[1] 전류

도체의 단면적을 통하여 자유전자가 이동할 때 전류가 흐른다고 말한다. 즉, 자유전자가 도선을 통해 흐르는 것을 전류라고 말한다. 단위는 [A](암페어)라 하며, 정전하의 이동방향을 전류의 양의 방향으로 정한다. 또한 전류는 발열, 화학, 자기작용을 한다.

[2] 전압

도선에 흐르는 전자(−)의 전기적인 압력(전하를 미는 세기)을 전압이라 하며 전위차가 있다고도 한다. 단위는 [V](볼트), 기호는 E를 사용한다.

[3] 저항

전자가 물질 속을 이동할 때 물질 내의 원자와 충돌하여 저항을 받는다. 이 저항은 물질이 지니고 있는 자유전자의 수나 원자핵의 구조, 물질의 형상 또는 온도에 따라서 변화한다. 이와 같이 물질 속을 전류가 흐르기 쉬운가 또는 어려운가의 정도를 표시하는 것을 전기저항이라고 한다. 저항의 단위는 옴(ohm, [Ω])이다.

1.2. 옴의 법칙

전기회로를 흐르는 전압·전류 및 저항사이에는 일정한 관계가 있다. 즉"도체를 흐르는 전류는 도체에 가해진 전압에 비례하고, 그 도체의 저항에 반비례한다."이 관계는 1827년 독일의 물리학자 옴(Ohm)에 의해 발견된 것으로 이를 옴의 법칙이라 한다.

$$I = \frac{E}{R}, \quad R = \frac{E}{I}, \quad E = IR$$

I : 도체를 흐르는 전류[A]
E : 도체에 가해진 전압[V]
R : 그 도체의 저항[Ω]

이상의 공식에서 전압·전류 및 저항 가운데 어느 것이든지 2가지만 알면 나머지 1개도 할 수 있다. 공식의 전압(E)은 회로 중의 저항(R)에 I의 전류가 흐르면 이 저항의 양끝에서 E= IR의 전압이 소비되는 것을 의미한다. 또 저항 R인 도체에 I의 전류를 흐르게 하기 위해서는 E의 전압이 필요하다는 것을 의미한다.

1.3. 저항의 접속방법

몇 개의 저항을 접속하는 방법에는 직렬접속과 병렬접속이 있다. 어느 접속이든지 전체의 저항(R)은 전압(E)을 전체 전류(I)로 나눈 $R = \frac{E}{I}$가 되며 회로의 저항 전체를 합성하는 경우에는 이를 합성저항 또는 전 저항(全 抵抗)이라 한다.

1.3.1. 저항의 직렬접속

몇 개의 저항을 한 줄로 접속하는 것을 직렬접속이라 한다. 전압을 이용할 때 사용하며 아래 그림에서 2개의 저항을 직렬로 접속하면 각 저항에 흐르는 전류는 일정하고 각 저항에는 전원 전압이 나누어져 흐르게 된다. 그리고 합성저항은 각 저항의 합과 같으며, 각각의 저항에 흐르는 전류는 동일하다. 또 각 저항에 공급되는 전압의 합은 전원 전압과 같다. 직렬로 접속하면 다음과 같은 특징이 있다.

① 합성저항은 각 저항의 합과 같다.

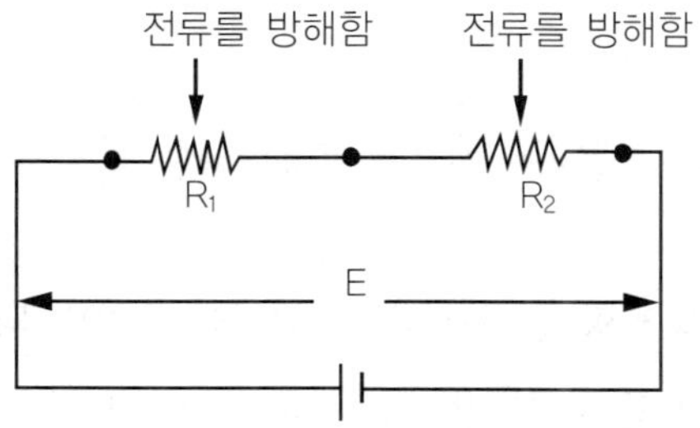

[저항의 직렬접속(1)]

② 어느 저항에서나 동일한 전류가 흐른다.

③ 전압이 나누어져 저항 속을 흐른다. 즉, 각 저항에 가해지는 전압의 합은 전원 전압과 같다.

④ 동일한 축전지 2개 이상을 직렬로 연결하면 전압은 연결한 개수의 배가되며, 용량은 1개일 때와 같다.

⑤ 큰 저항과 매우 작은 저항을 연결하면 매우 작은 저항은 무시된다.

그리고 직렬접속에서는 어느 저항에서나 항상 똑같은 전류가 흐른다. 즉 R_1에 흐르는 전류와 R_2에 흐르는 전류는 같다.

아래 그림에서 각 저항의 양끝의 전압을 E_1, E_2라 하면 옴의 법칙에 따라

$$E_1 = IR_1, \quad E_2 = IR_2$$

가 된다.

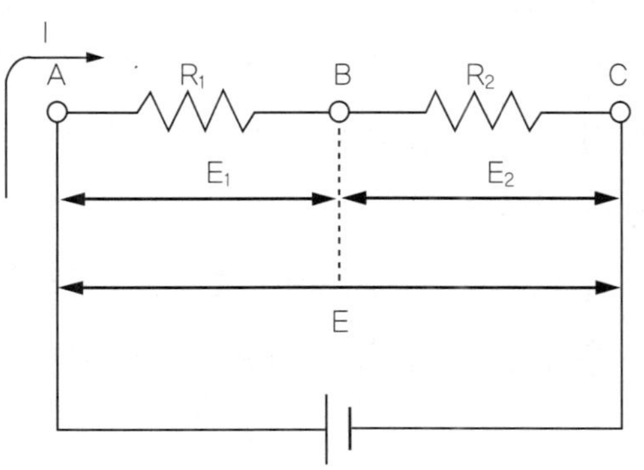

[저항의 직렬접속(2)]

따라서

$$E = E_1 + E_2 = IR_1 + IR_2 = I(R_1 + R_2)$$

이 되므로 A와 C사이의 합성저항을 R이라 하면 E= IR이 되어 IR= $I(R_1+R_2)$가 되므로 R= R_1+R_2가된다. 따라서 n개의 저항 R_1, R_2, R_3 …… R_n을 직렬로 접속하였을 때 합성저항(R)은 각 저항의 합과 같게 되므로 R = R_1 + R_2 + R_3 …… + R_n으로 되어 직렬접속의 합성저항은 각 저항은 어느 하나보다 크게 된다.

예 제 [Example]

01. 그림과 같이 12[V]의 축전지에 저항 3개를 직렬로 연결했을 때 전류계의 값을 계산하시오.

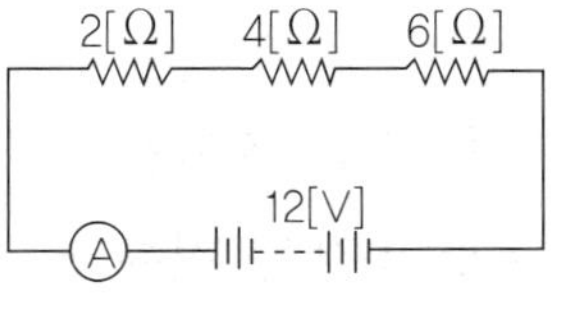

풀이 (1) 직렬 회로의 합성저항(R) = 2[Ω]+4[Ω]+6[Ω]= 12[Ω]

(2) 전류(I)= $\frac{12[V]}{12[\Omega]}$ = 1[A]

1.3.2. 저항의 병렬접속

몇 개의 저항을 아래 그림과 같이 접속한 것을 병렬접속이라 한다. 모든 저항을 두 단자에서 공통으로 연결하는 것으로 작은 저항을 얻고자 할 경우와 전류를 이용하고자 할 때 사용한다. 2개의 저항에서는 어느 곳에서나 똑같은 전압이 흐르며 병렬 접속하는 전장부품의 전압은 전원 전압과 같아야 한다.

따라서 전원에서 나오는 전류는 각 전장부품에 흐르는 전류의 합이 되므로 병렬접속한 전장부품이 많을 경우에는 용량이 큰 전원을 사용하여야 한다. 병렬접속의 특징은 다음과 같다.

① 어느 저항에서나 동일한 전압이 가해진다.

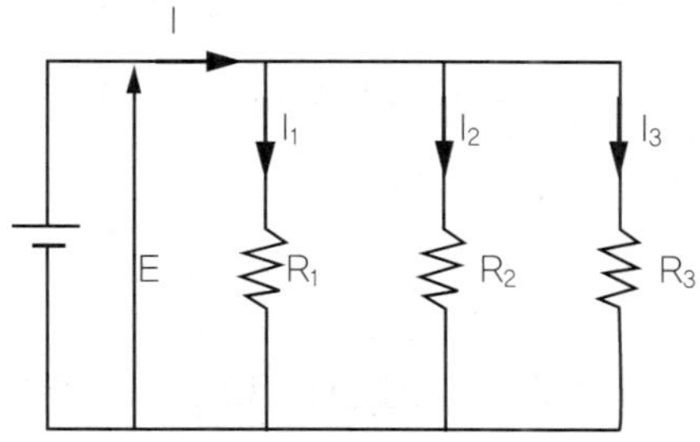

[저항의 병렬접속(1)]

② 합성저항은 각 저항의 어느 것보다도 작다.

③ 병렬접속에서 저항이 감소하는 것은 전류가 나누어져 저항 속을 흐르기 때문이다.

④ 각 회로에 흐르는 전류는 다른 회로의 저항에 영향을 받지 않으므로 양끝에 걸리는 전류는 상승한다.

⑤ 동일한 축전지를 병렬로 접속할 경우 용량은 연결한 개수 배가되나 전압은 1개와 같다.

⑥ 매우 큰 저항과 적은 저항을 연결하면 그 중에서 큰 저항은 무시된다.

그리고 아래 그림과 같이 A, B사이에 전압 E를 가하면 각 저항 R_1, R_2, R_3에는 동일한 전압이 가해지므로 각 회로의 전류는 옴의 법칙에 따라 다음과 같이 구할 수 있다. A점에 들어온 전류를 I라 하면 전류 I는 A에서 나누어져 I_1, I_2, I_3가 되어 각 저항에 흐르므로 I의 합과 같다. 즉, $I = I_1 + I_2 + I_3$가 되고 $I = \frac{E}{R_1} + \frac{E}{R_2} + \frac{E}{R_3} = E\left(\frac{1}{R_1} + \frac{1}{R_2} + \frac{1}{R_3}\right)$이 된다. 그리고 A, B사이의 합성저항을 R이라 하면 $I = \frac{E}{R}$가되며 $\frac{E}{R} = E\left(\frac{1}{R_1} + \frac{1}{R_2} + \frac{1}{R_3}\right)$이므로 $\frac{1}{R_1} + \frac{1}{R_2} + \frac{1}{R_3}$이 된다.

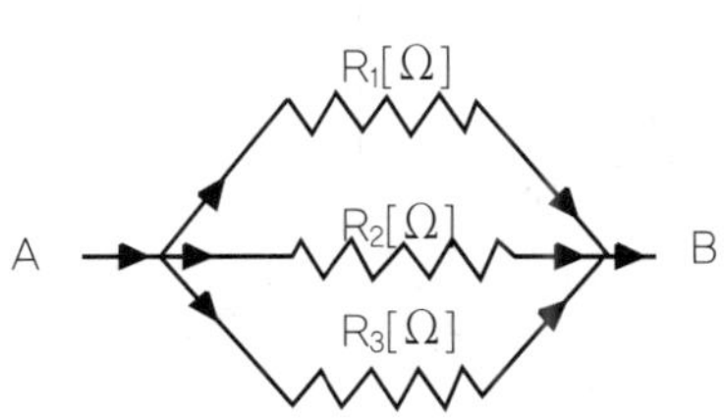

[저항의 병렬접속(2)]

따라서 n개의 저항을 R_1, R_2, R_3 …… R_n로 병렬로 접속하였을 경우 그 합성저항을 R이라 하면 $\frac{1}{R}=\frac{1}{R_1}+\frac{1}{R_2}+\frac{1}{R_3}+......+\frac{1}{R_n}$이 된다.

예 제 [Example]

02. 다음 그림과 같이 10[Ω], 20[Ω], 30[Ω]의 저항이 병렬로 연결되어 전류계와 함께 배터리에 연결되어 있다. 전류계에 흐르는 전류를 계산하시오.

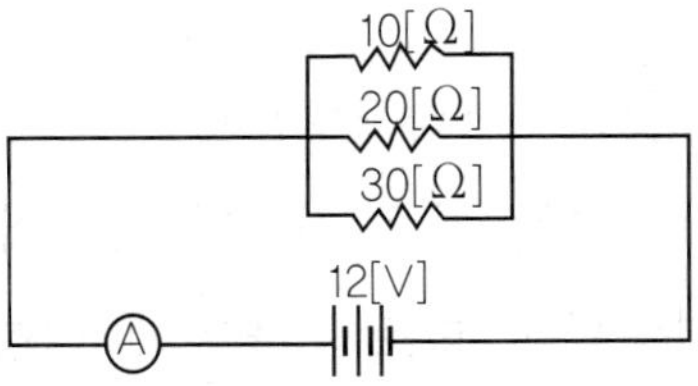

풀이 (1) 병렬 합성저항 $\frac{1}{R}=\frac{1}{R_1}+\frac{1}{R_2}+\frac{1}{R_3}+......+\frac{1}{R_n}$

$$\therefore \frac{1}{10}+\frac{1}{20}+\frac{1}{30}=\frac{11}{60}$$

따라서 $R=\frac{60}{11}=5.45[\Omega]$

(2) 전류(I) $=\frac{12[V]}{5.45[\Omega]}=2.2[A]$

1.4. 키르히호프의 법칙(kirchhoff's law)

[1] 제1법칙

"회로 내의 어떤 한 점에 유입된 전류의 총합과 유출한 전류의 총합은 같다"

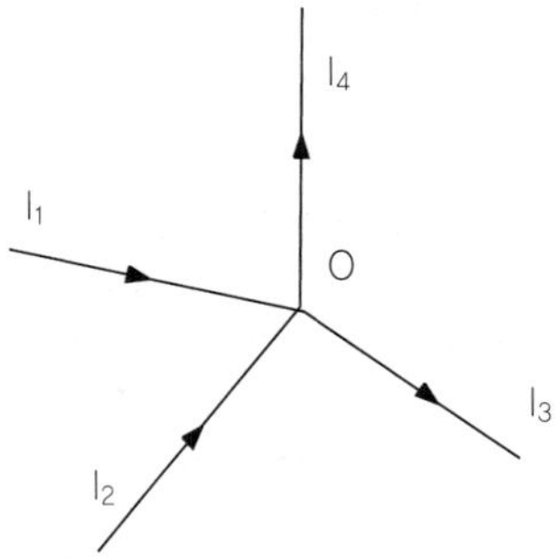

[키르히호프의 제1법칙]

[2] 제2법칙

"임의의 폐회로(閉回路 : 하나의 접속점을 출발하여 전원·저항 등을 거쳐 본래의 출발점으로 되돌아오는 닫힌회로)에 있어 기전력의 총합과 소비되는 전압강하의 총합은 같다"

기전력의 합= 전압강하의 합

$E= E_1 + E_2 + E_3 + \cdots\cdots + E_n$

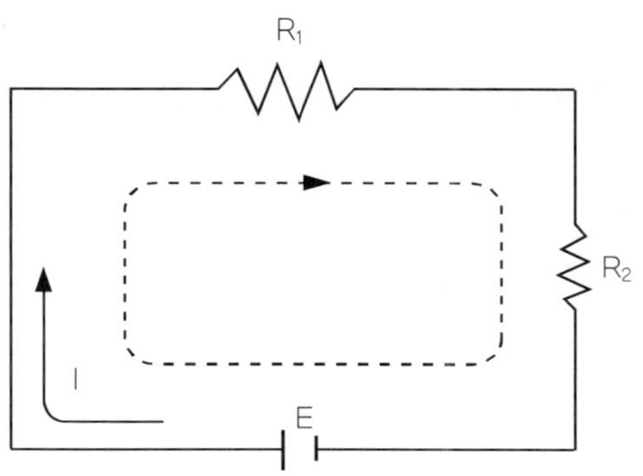

[키르히호프의 제2법칙]

예 제 [Example]

03. 다음 그림에서 I_1= 1[A], I_2= 2[A], I_3= 3[A], I_4= 4[A]로 전류가 흐를 때 I_5에 흐르는 전류를 계산하시오.

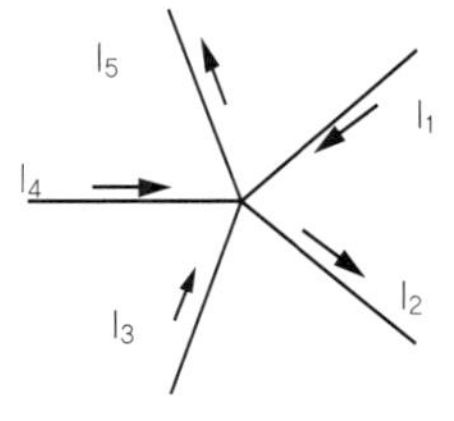

풀이 유입전류($I_1+I_3+I_4$)= 유출전류(I_2+I_5)에서

$1+3+4= 2+I_5$에서

$I_5= 6[A]$

1.5. 전력의 표시

전력이란 1[sec] 동안에 전기가 한 일. 즉 전기출력을 말한다. 전력의 기호는 [P], 단위는 와트[W](watt)를 사용한다. 우리가 일상생활에서 사용하는 전구나 전기장판, 커피포트, 기타 전기에 의한 가전제품 등은 전류가 저항체를 만나 기계적인 일을 하며 전력은 전압이나 전류가 클수록 크게 된다.

E의 전압을 가하여 I의 전류를 흐르게 할 경우 전력 P는

$$P = EI$$

로 표시된다. 만약, I의 전류가 R의 저항 속을 흐르고 있다면 E= IR의 관계가 있으므로

$$P = EI = IR \times I = I^2R$$

즉

$$P = I^2R$$

이 되어 전력은 모든 저항에 소비된다는 것을 알 수 있다. 또 $I = \frac{E}{R}$의 관계가 있으므로

$$P = EI = \frac{E}{R} \times E = \frac{E^2}{R}$$

즉

$$P = \frac{E^2}{R}$$

으로 표시할 수 있다.

전력이 어떤 시간 동안에 한 일의 총량을 전력량이라 하며 전력에 시간을 곱한 값을 말한다.

예 제[Example]

04. 전압이 100[V]일 때 600[W]의 전열기가 있다. 전압이 변화되어 80[V]로 되었을 때 전열기의 실제 전력을 계산하시오.

풀이 (1) $R=\frac{E^2}{P}=\frac{100^2}{600}=16.67[\Omega]$

(2) $P=\frac{E^2}{R}=\frac{80V^2}{16.67\Omega}=384[W]$

1.6. 건전지 연결에 따른 전류

[1] 건전지 n개를 직렬접속시 부하에 흐르는 전류

$$I=\frac{N\cdot E}{R+N\cdot r}$$

I : 부하에 흐르는 전류
r : 내부저항
R : 외부저항
E : 기전력(전압)
N : 전지를 연결한 개수

예 제[Example]

05. 기전력이 2.5[V], 내부저항이 0.15[Ω]인 전지 30개를 직렬로 접속할 때 1[Ω]의 저항에 흐르는 전류를 계산하시오.

풀이 $I=\frac{N\cdot E}{R+N\cdot r}=\frac{30\times 2.5}{1+(30\times 0.15)}=13.64[A]$

I : 전류, E : 2.5, r : 0.15, N : 30, R : 1

[2] 건전지 n개를 병렬접속시 부하에 흐르는 전류

$$I=\frac{E}{\frac{r}{N}+R}$$

I : 부하에 흐르는 전류
r : 내부저항
R : 외부저항
E : 기전력(전압)
N : 전지를 연결한 개수

예 제 [Example]

06. 기전력 2[V] 내부저항 0.2[Ω]의 전지 10개를 병렬로 접속했을 때 부하 4[Ω]에 흐르는 전류를 계산하시오.

풀이 $I = \dfrac{E}{\dfrac{r}{N}+R} = \dfrac{2}{\dfrac{0.2}{10}+4} = 0.498[A]$

2 축전기 및 축전지

2.1. 축전기(condenser)

2.1.1. 축전기의 정전 용량

축전기에 저장되는 전기량 Q(coulomb)는 가해지는 전압 E에 비례한다. 즉, 전압이 높을수록 많은 양의 전기를 저장할 수 있으며 이들 사이에는 다음과 같은 관계가 있다.

$$Q = CE$$

Q : 축전기에 저장되는 전기량(단위 : [C])
C : 축전기의 정전용량(단위 : [F])
E : 축전기에 가해지는 전압(단위 : [V])

예 제 [Example]

07. 축전기에 12[V]의 전압을 인가하여 0.00003[C]의 전기량이 충전되었다면 축전기의 용량[μF]은 ?

풀이 $C = \dfrac{Q}{V} = \dfrac{0.00003}{12} = 0.0000025[F] = 2.5[\mu F]$

C : 축전기 용량, Q : 축적된 전하량
V : 가한 전압

2.1.2. 축전기의 연결방법

[1] 축전기의 직렬연결

여러 개의 축전기를 직렬로 연결하면 정전용량과 관계없이 일정한 양의 전하(Q)가 축전기에 충전되며 정전용량을 감소시키는 결과가 된다. 그리고 합성용량은 각각의 정전용량 중 가장 작은 것보다도 더 작다. 또 축전기를 직렬로 연결하면 전체 전압의 일부만 인가되므로 전압에 대한 내구성이 향상된다. 축전기 직렬연결에서 전압과 합성용량은 다음과 같다.

(1) 전 압

$$E = E_1 + E_2 + E_3 + \cdots\cdots\cdots + E_n$$

(2) 합성용량

$$\frac{Q}{C} = \frac{Q}{C_1} + \frac{Q}{C_2} + \frac{Q}{C_3} + \cdots + \frac{Q}{C_n}$$

여기서 각 항을 Q로 나누면

$$\frac{1}{C} = \frac{1}{C_1} + \frac{1}{C_2} + \frac{1}{C_3} + \cdots + \frac{1}{C_n}$$

이 된다.

그리고 축전기를 직렬로 연결할 때 합성용량의 역수(逆數)는 각각의 정전용량의 역수의 합과 같다.

[2] 축전기의 병렬연결

여러 개의 축전기를 병렬로 연결하면 금속판의 면적을 증가시키는 것과 같은 효과를 나타낸다. 따라서 합성용량 C는 각각의 축전기 용량의 합과 같게 된다. 병렬연결에서의 전압은 다음과 같다.

(1) 전압

$$E = E_1 = E_2 = E_3 = \cdots\cdots\cdots = E_n$$

(2) 합성용량

합성용량은 각각의 전하의 합과 같다.

$$Q = Q_1 + Q_2 + Q_3 + \cdots\cdots\cdots + Q_n$$

$$Q = C_1E + C_2E + C_3E + \cdots\cdots\cdots + C_nE$$

여기서 양변을 전압 E로 나누면

$$C = C_1 + C_2 + C_3 + \cdots\cdots\cdots + C_n$$

이 된다.

그리고 축전기를 병렬로 접속하면 합성용량은 각각의 정전용량의 합과 같다.

예 제 [Example]

08. 12[V]−0.3[μF], 12[V]−0.6[μF]의 축전기를 병렬로 접속했다. 이때 축전기에 축전되는 전기량을 계산하시오.

풀이 축전기 병렬접속의 전기량 $C = C_1 + C_2 + C_3 + \cdots\cdots + C_n$

$\therefore 0.3 + 0.6 = 0.9[\mu F]$

2.2. 축전지(battery)

2.2.1. 전해액 비중 환산방법

전해액의 비중은 그 온도의 변화에 따라 변동한다. 그것은 묽은황산의 체적이 온도의 변화에 따라 팽창 또는 수축하여 단위체적에 대한 무게가 변화하기 때문이다. 즉, 온도가 높으면 비중은 낮아지고, 온도가 낮으면 비중이 높아지며 그 변화량은 1[℃]에 대해 0.0007이다. 표준 온도(20[℃])의 비중으로 환산할 때는 다음 식을 이용한다.

$$S_{20} = S_t + 0.0007\times(t-20)$$

S_{20} : 표준 온도(20℃)로 환산한 비중
S_t : t℃에서 실제로 측정한 전해액의 비중
0.0007 : 온도 계수
t : 비중을 측정할 때의 전해액의 온도

예 제 [Example]

09. 표준온도 20[℃]에서 비중이 1.260인 축전지를 32[°F]에서 측정하면 비중을 계산하시오.

풀이 $S_{20} = St + 0.0007\times(t-20)$

32[°F](0[℃])에서의 비중은

$1.260 = St + 0.0007\times(0-20)$

$\therefore St = 1.274$

2.2.2. 축전지 용량

축전지 용량[Ah] = 방전전류[A] × 방전시간[h]

예 제 [Example]

10. 60[AH]의 축전지가 매일 2[%]의 자기방전을 할 때 이것을 보충전하기 위하여 24시간 충전을 할 때 충전기의 충전 전류를 계산하시오.

풀이 축전지의 시간 당 충전전류

$$= \frac{\text{방전량}}{24\text{시간}} = \frac{60[AH]\times0.02}{24[H]} = 0.05[A]$$

3 기동전동기(starting motor)

3.1. 기동전동기의 원리

기동전동기의 원리는 플레밍의 왼손법칙이다. 플레밍의 왼손법칙이란 왼손의 엄지, 인지, 중지를 서로 직각이 되게 펴고 인지를 자력선의 방향으로, 중지를 전류의 방향에 일치시키면 도체에는 엄지의 방향으로 전자력이 작용한다는 법칙이며 기동전동기, 전류계, 전압계 등의 원리이다.

3.2. 기동전동기의 필요 회전력

기동전동기의 출력은 회전력과 회전수의 곱으로 나타내기 때문에 엔진과의 관계를 고려하여 회전력과 회전수의 배분을 하여야 한다.

$$T_s = \frac{P_t \times T_e}{R_t}$$

T_s : 기동전동기의 필요한 최소 회전력
P_t : 피니언 이의 수
T_e : 엔진의 회전저항
R_t : 링 기어 이의 수

$$\text{즉, 크랭크축 회전력} \times \frac{\text{피니언의 잇수}}{\text{링기어의 잇수}}$$

여기서 엔진저항의 크기는 엔진을 어떤 회전수로 돌리는데 필요한 회전력의 크기이며, 각부 마찰 회전력, 압축 회전력, 관성 회전력 등이 저항 회전력으로써 나타낸다.

예 제 [Example]

11. 기동전동기의 피니언기어 잇수가 9, 플라이휠의 링 기어 잇수가 113, 배기량 1500[cc]인 엔진의 회전저항이 8[kgf · m]일 때 기동전동기의 최소 회전토크[kgf · m]는 ?

풀이 $Ts = \frac{9 \times 8}{113} = 0.64[kgf \cdot m]$

4 점화코일

4.1. 2차 코일에 유도되는 전압

단속기로 1차 전류를 차단하면 자기유도작용으로 1차 코일에 전원전압보다 높은 전압 E_1이 발생된다. 이 1차쪽에 발생된 전압 E_1은 1차 코일의 권수, 전류의 크기, 전류의 변화속도 및 철심의 재질에 따라 달라진다. 또한 2차 코일에는 상호유도작용으로 거의 권수비에 비례하는 전압 E_2가 발생된다.

$$E_2 = \frac{N_2}{N_1} \times E_1$$

E_2 : 2차 전압　　N_2 : 2차 코일의 권수
N_1 : 1차 코일의 권수　　E_1 : 1차 전압

예 제 [Example]

12. 점화코일의 1차코일 유도전압이 250[V], 2차코일의 유도전압이 25000[V]이고 축전지 전압이 12[V]인 1차 코일의 권수가 250회일 경우 2차 코일의 권수는 몇 회인가 ?

풀이 $E_2 = \frac{N_2}{N_1} \times E_1 = \frac{25000}{250} \times 250[V] = 25000$회

4.2. 유도 기전력

$$E = H\frac{\Delta I}{\Delta t}$$

E : 기전력([V])　　H : 상호 인덕턴스([H])
I : 전류([A])　　t : 시간([sec])

1[H]의 인덕턴스란 코일에서 1초 동안 1[A]의 전류를 변화시켰을 때 1[V]의 전압이 유도되는 것을 말한다.

✔예 제 [Example]

13. 2개의 코일간의 상호 인덕턴스가 0.8[H]일 때 한쪽코일의 전류가 0.01 초간에 4[A]에서 1[A]로 동일하게 변화하면 다른 쪽 코일에는 얼마의 기전력이 유도되는지 계산하시오.

풀이 $E = H\dfrac{\Delta I}{\Delta t} = 0.8 \times \dfrac{(4-1)}{0.01} = 240[V]$

4.3. 직류발전기에서 유기되는 전압

자계란 자력선이 존재하는 영역이며, 자속이란 자력선의 방향과 직각이 되는 단위면적 $1[cm^3]$에 통과하는 전체의 자력선을 말하며 단위로는 [Wb]를 사용한다.

자기 유도란 자석이 아닌 물체가 자계 내에서 자기력의 영향을 받아 자석을 띠는 현상을 말한다. 그리고 자계강도는 단위 자기량을 가지는 물체에 작용하는 자기력 크기를 나타낸다.

발전기의 원리로 사용되는 플레밍의 오른손법칙은 오른손 엄지, 인지, 및 중지를 서로 직각이 되게 펴고, 인지를 자력선의 방향에, 엄지를 도체의 운동방향에 일치시키면 중지에 유도기전력의 방향이 표시된다. 직류발전기의 유도기전류는 전체적으로 회전수와 자속에 비례한다.

$$E = K_d \times n \times \Phi$$

$$K_d = \frac{P \cdot e}{60a}$$

E : 유기되는 전압　　K_d : 정수
n : 매분 당 회전수　　Φ : 각 극의 자속
P : 전기자 도체 수　　a : 전기자 병렬회로 수
e : 자극 수

예 제 [Example]

14. 직류발전기가 전기자 총 도체수 48, 자극 수 2, 전기자 병렬회로 수 2, 각 극의 자속 0.018[Wb]이다. 매분 당 회전수 1,800일 때 유기되는 전압은 ?(단, 전기자 저항은 무시한다)

㉮ 약 21[V] ㉯ 약 23.5[V]

㉰ 약 25.9[V] ㉱ 약 28[V]

풀이 ① $K_d = \frac{P \cdot e}{60a} = \frac{48 \times 2}{60 \times 2} = 0.8$

K_d : 정수 P : 전기자 총 도체 수
a : 전기자 병렬회로 수 e : 자극수

② $E = K_d \times n \times \varnothing = 0.8 \times 1800 \times 0.018 = 25.9[V]$

E : 유기되는 전압, n : 매분 당 회전수, ∅ : 각 극의 자속

4.4. 조도

광도는 일정방향에 대한 빛의 세기를 말하며 단위는 [cd](칸델라)로 나타낸다. 1칸델라는 광원에서 1[m] 떨어진 1[m^2]의 면에 1[m]의 광속이 통과하였을 때의 빛의 세기를 말한다. 조도는 빛을 받는 면의 밝기의 정도를 나타내는 것으로 단위는 [lx](룩스)로 표시한다.

$$조도 = \frac{광도([cd])}{(거리)^2}$$

예 제 [Example]

15. 전조등의 광도가 18000[cd]인 자동차를 10[m] 전방에서 측정하였을 경우의 조도는 ?

풀이 $[lx] = \frac{cd}{r^2} = \frac{18000}{10^2} = 180[lx]$

[lx] : 조도, [cd] : 광도, r : 거리[m]

Chapter Ⅳ 실력평가

01. 다음 중 단위표기가 잘못된 것은 ?

㉮ 회전수 : [rpm], 압축압력: [kgf/cm^2]

㉯ 전류 : [A], 축전지 용량 : [Ah]

㉰ 연료 소비율 : [km/h], 토크 :[kgf · h]

㉱ 전압 :[V], 체적 : [cc]

풀이 연료 소비율의 단위는 [L/km], 토크의 단위는 [kgf · m]이다.

정답 ㉰

02. 두개의 저항 r_1과 r_2를 직렬로 연결하고 양단에 10[V]의 전압을 걸었을 때 r_2에 발생하는 열량이 r_1에 발생하는 열량의 3배이고, r_1의 저항이 2[Ω]일 때, r_2의 저항값은 ?

㉮ 1/4[Ω] ㉯ 4[Ω]

㉰ 6[Ω] ㉱ 1/2[Ω]

풀이 r_2에 발생하는 열량이 r_1에 발생하는 열량의 3배이므로 3×2[Ω]= 6[Ω]이다.

정답 ㉰

03. 다음 중 전기저항이 제일 큰 것은 ?

㉮ 2[MΩ] ㉯ 1.5×10^6[Ω]

㉰ 1000[kΩ] ㉱ 500000[Ω]

정답 ㉮

04. 그림은 냉각수 온도센서 회로이다. 냉각수 온도센서의 저항 값이 180[Ω]일 때 전압계는 몇 [V]가 지시되는 가 ?(단, 전선의 고유저항은 무시한다)

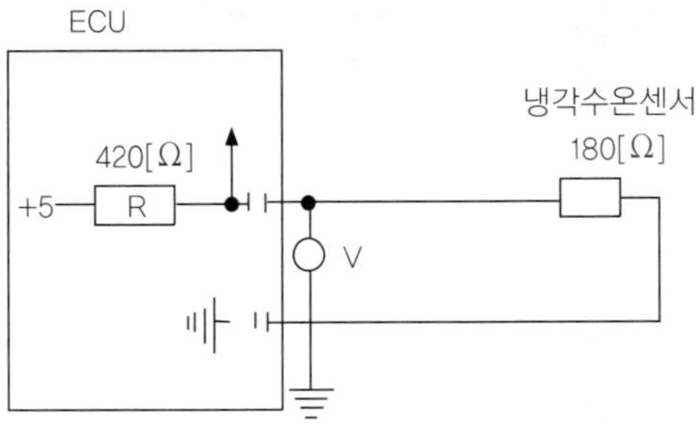

㉮ 0.5　　㉯ 1.5

㉰ 2.1　　㉱ 3.5

풀이 ① $I = \frac{5}{420+180} = 0.0083[A]$

② $E = 0.0083 \times 180 = 1.499[V]$

정답 ㉯

05. 12[V] 배터리를 사용하는 자동차에서 6[Ω]의 저항이 걸리는 부품 2개를 직렬로 연결하였다. B와 접지사이의 전압은 ?

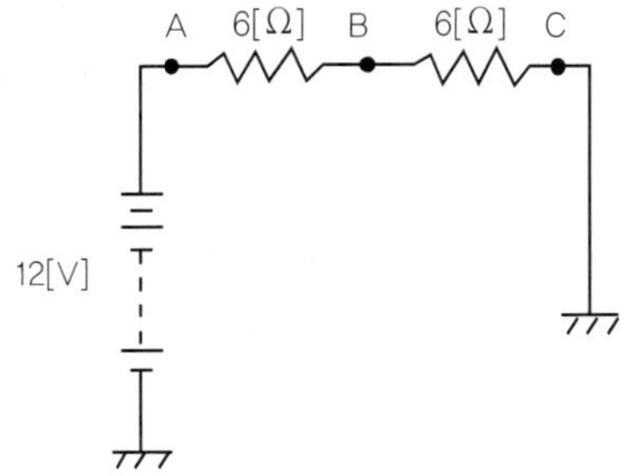

㉮ 2[V]　　㉯ 6[V]

㉰ 12[V]　　㉱ 24[V]

풀이 $E = IR = 1[A] \times 6[\Omega] = 6[V]$

정답 ㉯

06. 다음 회로에서 저항을 통과하여 흐르는 전류는 A, B, C 각 점에서 어떻게 나타나는가 ?

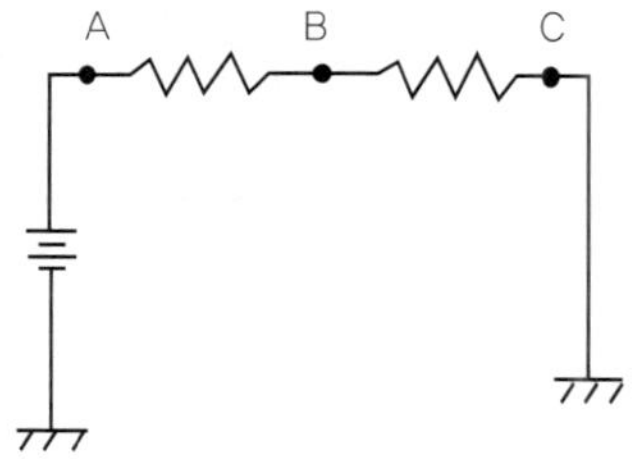

㉮ A에서 가장 전류가 크고, B, C로 갈수록 전류가 작아진다.

㉯ A, B, C의 전류가 모두 같다.

㉰ A에서 가장 전류가 작고 B, X로 갈수록 전류가 커진다.

㉱ B에서 가장 전류가 크고 A, C는 같다.

풀이 직렬 접속회로에서는 각 저항에 흐르는 전류가 일정하다.

정답 ㉯

07. 다음 직렬회로에서 저항 R_1에 5[mA]의 전류가 흐를 때 R_1의 저항값은 ?

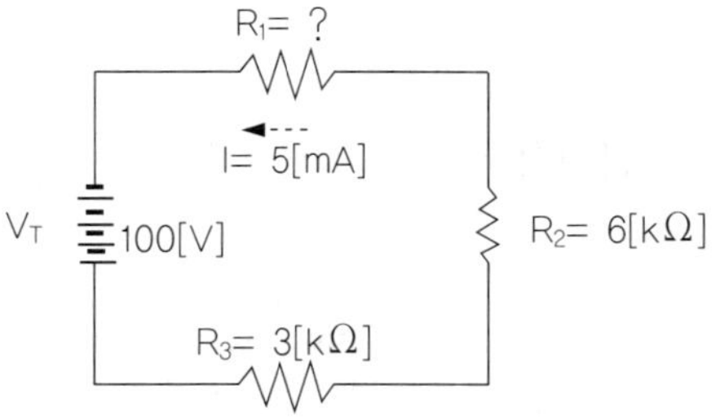

㉮ 7[kΩ]　　㉯ 9[kΩ]

㉰ 11[kΩ]　　㉱ 13[kΩ]

풀이 ① $R = \frac{E}{I} = \frac{100\text{V}}{5\text{mA}} = 20[\text{k}\Omega]$

② R_1 + 6[kΩ] + 3[kΩ]= 20[kΩ]

∴ R_1= 11[kΩ]

정답 ㉰

08. 그림의 회로에서 전압이 12V이고 저항 R_1, R_2가 각각 3[Ω]이라면 A에 흐르는 전류는 ?

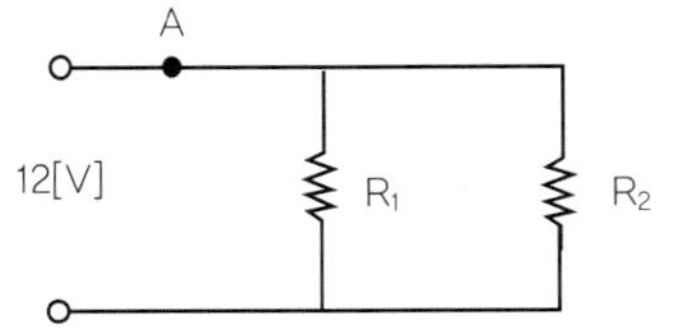

㉮ 2A

㉯ 4A

㉰ 6A

㉱ 8A

풀이 $I = \frac{E}{R} = \frac{12}{\frac{3}{2}} = 8[A]$

정답 ㉱

09. 누설전류를 측정하기 위해 12[V] 배터리를 떼어내고 절연체의 저항을 측정하였더니 1[MΩ]이었다. 누설전류는 ?

㉮ 0.006[mA] ㉯ 0.008[mA]

㉰ 0.010[mA] ㉱ 0.012[mA]

풀이 $I = \frac{E}{R} = \frac{12V}{1000000\Omega} \times 1000 = 0.012[mA]$

정답 ㉱

10. 회로의 합성저항은 몇 [Ω] 인가 ?

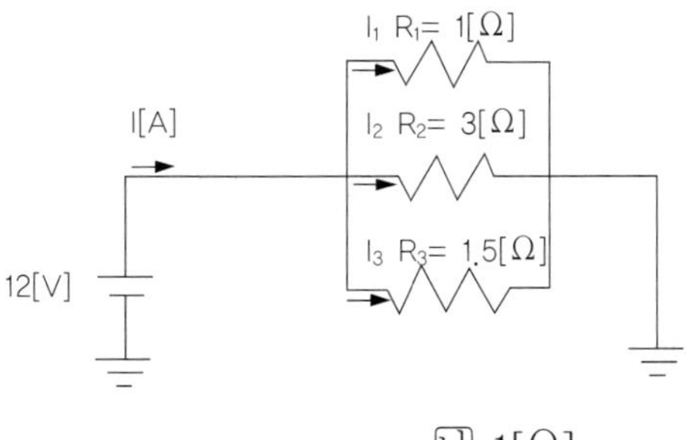

㉮ 0.1[Ω] ㉯ 1[Ω]

㉰ 0.5[Ω] ㉱ 5[Ω]

풀이 $\frac{1}{R} = \frac{1}{R_1} + \frac{1}{R_2} + \frac{1}{R_3} + \ldots\ldots + \frac{1}{R_n}$

$\therefore \frac{1}{1} + \frac{1}{3} + \frac{1}{1.5}$ R= 0.5[Ω]

정답 ㉰

11. 전압 24[V], 출력전류 60[A]인 자동차용 발전기의 출력은 ?

㉮ 0.36[kW] ㉯ 0.72[kW]
㉰ 1.44[kW] ㉱ 1.88[kW]

풀이 24[V] × 60[A]= 1440[W]= 1.44[kW]

정답 ㉰

12. 전력 P를 잘못 표시한 것은 ?(단, E : 전압, I : 전류, R : 저항)

㉮ P= E · I ㉯ $P= I^2 \cdot R$
㉰ $P= E^2/R$ ㉱ $P= R^2/E$

정답 ㉱

13. 그림과 같이 12[V]-12[W]의 전구 2개를 병렬로 연결할 때 전류계 [A]에 흐르는 전류는 ?

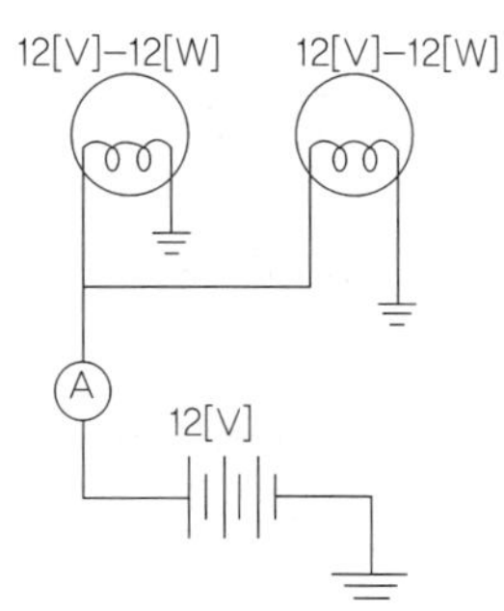

㉮ 1[A] ㉯ 2[A]
㉰ 3[A] ㉱ 4[A]

풀이 $I = \frac{P}{E} = \frac{12[W] \times 2}{12[V]} = 2[A]$

P : 출력[W], E : 전압[V], I : 전류[A]

정답 ㉯

14. 다음 회로에서 전류[A]와 소비전력[W]은 ?

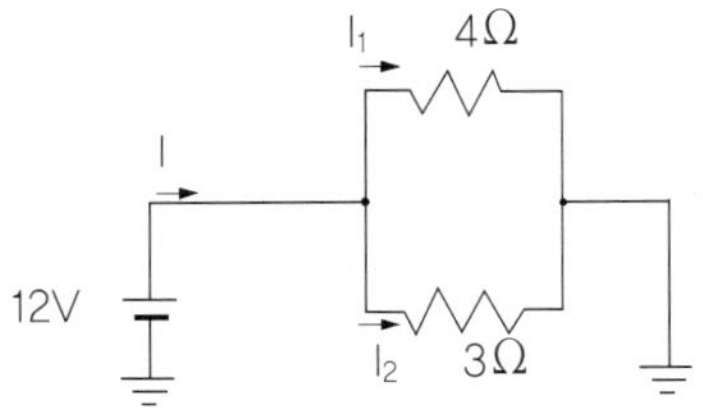

㉮ I= 0.58[A], P= 5.8[W] ㉯ I= 5.8[A], P= 58[W]

㉰ I= 7[A], P= 84[W] ㉱ I= 70[A], P= 840[W]

풀이 ① $\frac{1}{R}=\frac{1}{4}+\frac{1}{3}=\frac{7}{12}$ $\therefore R=\frac{12}{7}[\Omega]$

② $I=\frac{E}{R}=\frac{12\times 7}{12}$ = 7[A]

③ $P=EI$ = 12[V] × 7[A]= 84[W]

정답 ㉰

15. 그림과 같은 회로에서 가장 적당한 퓨즈는 ?

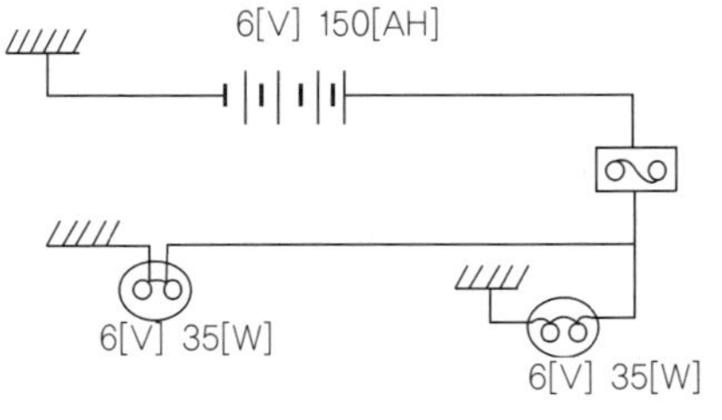

㉮ 10[A] ㉯ 15[A]

㉰ 25[A] ㉱ 30[A]

풀이 $I=\frac{P}{E}=\frac{35+35}{6}$= 11.67[A]

따라서 퓨즈는 15[A]를 사용하여야 한다.

정답 ㉯

16. 120[V], 80[W] 전동기를 100[V] 전원에 사용할 때의 일률은 ?

㉮ 180[W] ㉯ 48.5[W]

㉰ 61.3[W] ㉱ 55.6[W]

풀이 ① R= $\frac{E^2}{P}$= $\frac{120^2}{80}$= 180[Ω]

P : 전력([W]), E : 전압([V]), R : 저항([Ω])

② P= $\frac{E^2}{R}$= $\frac{100^2}{180}$= 55.6[W]

정답 라

17. 기전력이 2.8[V], 내부저항이 0.15[Ω]인 전지 33개를 직렬로 접속할 때 1[Ω]의 저항에 흐르는 전류는 얼마인가 ?

가 12.1[A]　　나 13.2[A]

다 15.5[A]　　라 16.2[A]

풀이 I= $\frac{N \cdot E}{R+N \cdot r}$= $\frac{30\times2.8}{1+(33\times0.15)}$ = 15.5[A]

I : 전류, E : 2.5, r : 0.15, N : 30, R : 1

정답 다

18. 14[V] 축전지에 연결된 전구의 소비전력이 60[W]이다. 축전지의 전압이 떨어져 12[V]가 되었을 때 전구의 실제 전력은 약 몇 [W]인가 ?

가 3.27[W]　　나 25.5[W]

다 30.2[W]　　라 44.1[W]

풀이 P= $\frac{E^2}{R}$

① R= $\frac{14^2}{60}$ = 3.26[Ω]　　② P= $\frac{12^2}{3.26}$= 44.1[W]

정답 라

19. 사용 중인 축전지 전해액을 비중계로 측정하니 1.280이고, 이때 전해액의 온도가 40[℃]라면 표준상태(20[℃])에서의 비중은 약 얼마인가 ?

가 1.234　　나 1.254

다 1.274　　라 1.294

풀이 S_{20}= S_t+0.0007(t-20)= 1.280+0.0007×(40-20)= 1.294

정답 라

20. 비중 1.260(20[℃])의 묽은 황산 1[L]속에 40[%](중량)의 황산이 포함되어 있으면 물은 몇 [g] 포함되어 있는가 ?

㉮ 650[g]	㉯ 712[g]
㉰ 756[g]	㉱ 819[g]

풀이 묽은 황산 1[ℓ]속에 40[%](중량)의 황산이 포함되어 있으면 물이 60[%] 들어있으므로 1260[g]×0.6= 756[g]

정답 ㉰

21. 축전지의 전해액 비중은 온도 1[℃]의 변화에 대해 얼마나 변화하는가 ?

㉮ 0.0005	㉯ 0.0007
㉰ 0.0010	㉱ 0.0015

정답 ㉯

22. 25[℃]에서 양호한 상태인 100[AH] 축전지는 300[A]의 전기를 얼마동안 발생시킬 수 있는가 ?

㉮ 5분	㉯ 10분
㉰ 15분	㉱ 20분

풀이 $H= \frac{AH}{A} = \frac{100[AH]}{300[A]} = \frac{1}{3}H = 20분$

정답 ㉱

23. 완전 충전된 축전지를 방전종지 전압까지 방전하는데 20[A]로 5시간 걸렸고 이것을 다시 완전 충전하는데 10[A]로 12시간 걸렸다면 이 축전지의 [AH] 효율은 약 몇 [%]인가 ?

㉮ 90[%]	㉯ 83[%]
㉰ 80[%]	㉱ 70[%]

풀이 $축전지\ [AH]효율 = \frac{방전할\ 때의\ 축전지용량}{충전할\ 때의\ 축전지용량} \times 100$

$$= \frac{20[A] \times 5[A]}{10[A] \times 12[H]} \times 100 = 83[\%]$$

정답 ㉯

24. 기동전동기의 필요 회전력에 대한 수식은 ?

㉮ 크랭크축 회전력 × $\frac{\text{링기어 잇수}}{\text{피니언의 잇수}}$

㉯ 캠축 회전력 × $\frac{\text{피니언 잇수}}{\text{링기어의 잇수}}$

㉰ 크랭크축 회전력 × $\frac{\text{피니언의 잇수}}{\text{링기어의 잇수}}$

㉱ 캠축 회전력 × $\frac{\text{링기어 잇수}}{\text{피니언의 잇수}}$

풀이 기동전동기의 필요 회전력= 크랭크축 회전력 × $\frac{\text{피니언의 잇수}}{\text{링기어의 잇수}}$

정답 ㉰

25. 가솔린기관에서 기동전동기의 전류소모 시험을 하였더니 90[A]이였다. 이때 축전지 전압이 12[V]일 때 이 엔진에 사용하는 기동전동기의 마력은 ?

㉮ 0.75[PS] ㉯ 1.26[PS]
㉰ 1.47[PS] ㉱ 1.78[PS]

풀이 ① P= EI = 12[V]×90[A]= 1080[W] = 1.08[kW]
P : 전력, E : 전압, I : 전류

② 1[PS]는 0.736k[W] 이므로 $\frac{1.08}{0.736}$= 1.47마력

정답 ㉰

26. 자동차용 점화코일에서 1차 코일의 권수는 250회이고, 2차 코일의 권수는 30000회일 때 2차 코일에 유기되는 전압은 몇 [V]인가 ?(단, 1차 코일 유기전압은 250[V]이고, 축전지는 12[V]이다)

㉮ 25,000 ㉯ 30,000
㉰ 35,000 ㉱ 40,000

풀이 $E_2= \frac{N_2}{N_1} \times E_1= \frac{30000}{250} \times 250[V]= 30000[V]$

정답 ㉯

27. 점화코일에서 상호 인덕턴스가 5[H]이고, 1차 코일에서 전류가 0.001초 사이 3[A]에서 1[A]로 변화하면 2차 코일에는 얼마의 기전력이 유도되는가 ?

㉮ 2,000[Volt] ㉯ 10,000[Volt]
㉰ 1,000[Volt] ㉱ 15,000[Volt]

풀이 유도 기전력 = $5\times\frac{(3-1)}{0.01}$ = 10000[V]

정답 ㉯

28. 전조등의 광도 측정단위는 ?

㉮ [cd] ㉯ [W]
㉰ [Lux] ㉱ [lm]

풀이 W : 전력의 단위, Lux : 조도의 단위
lm : 광속의 단위

정답 ㉮

29. 전조등이 10[cd]의 광원에서 2[m] 떨어진 곳에서의 밝기는 몇 [Lux]인가 ?

㉮ 2.5 ㉯ 5.0
㉰ 7.5 ㉱ 10

풀이 Lux= $\frac{cd}{r^2}$ = $\frac{10}{2^2}$ = 2.5[Lux]

Lux : 조도, cd : 광도, r: 거리

정답 ㉮

30. 전조등의 광도가 35000[cd]인 경우 전방 100[m] 지점에서의 조도는 몇 [lx]인가 ?

㉮ 2.5[lx] ㉯ 3.5[lx]
㉰ 35[lx] ㉱ 350[lx]

풀이 Lux= $\frac{cd}{r^2}$ = $\frac{35000}{100^2}$ = 3.5[lx]

정답 ㉯

CHAPTER 기초 자동차 해석 | Fundamental Automotive Analysis

V 자동차 섀시

1 클러치의 성능

1.1. 클러치판이 받는 압력

$$P= \frac{W}{0.785 \times (D_1^2 - D_2^2)}$$

P : 클러치판이 받는 압력([kgf/cm^2])
W : 전 스프링의 힘([kgf])
D_1 : 바깥지름
D_2 : 안지름

예 제 [Example]

01. 26[kgf-m]의 회전력을 전달하도록 설계된 단판 클러치가 있다. 마찰면의 바깥지름이 35[cm], 안지름이 20[cm], 전 스프링의 힘이 800[kgf]일 때 클러치판이 받는 압력([kgf/cm^2])을 계산하시오.

풀이 $P= \frac{W}{0.785 \times (D_1^2 - D_2^2)} = \frac{800}{0.785 \times (35^2 - 20^2)} = 1.24[kgf/cm^2]$

1.2. 클러치의 전달토크

클러치가 전달할 수 있는 토크의 크기를 클러치의 용량이라고 한다.

$$T = \left(\frac{D_1 + D_2}{2}\right) P \mu$$

T : 클러치 전달 회전력(토크), D_1 : 바깥지름
D_2 : 안지름, P : 클러치를 미는 힘
μ : 마찰계수

예 제 [Example]

02. 어떤 단판클러치의 마찰 면 외경이 30[cm], 내경이 18[cm] 전 스프링의 힘이 400[kgf]이고, 압력판 마찰계수가 0.34이다. 전달토크([kgf-cm])를 계산하시오.

풀이 $T = \left(\frac{D_1 + D_2}{2}\right) P \mu = \frac{30+18}{2} \times 400 \times 0.34$

$= 3264[kgf-cm]$

1.3. 클러치의 최대 허용 회전력

$$C_{PS} = \frac{TR}{716}$$

C_{PS} : 클러치에 의해 전달되는 마력[PS]
T : 전달 회전력([kgf · m])
R : 회전수([rpm])

예 제 [Example]

03. 기관의 회전력이 14.32[kgf-m]이고, 2500[rpm]으로 회전하고 있다. 이때 클러치에 의해 전달되는 마력은 ?(단, 클러치의 미끄럼은 없다)

풀이 $C_{PS} = \frac{TR}{716} = \frac{14.23 \times 2500}{716} = 50[PS]$

1.4. 클러치의 전달효율

클러치의 전달효율(η)은

$$\eta = \frac{\text{클러치에서 나온 동력}}{\text{클러치로 들어간 동력}} \times 100$$

그러므로 클러치의 전달효율은 엔진 회전속도(N_1) 및 엔진에서 발생한 회전력(T_1)에 반비례하고, 클러치 출력 회전속도(N_2) 및 출력 회전력(T_2)에 비례한다.

$$\eta = \frac{\text{클러치의 출력회전력} \times \text{클러치의 출력회전속도}}{\text{엔진의 회전력} \times \text{엔진의 회전속도}} \times 100 = \frac{T_2 \times N_2}{T_1 \times N_1} \times 100$$

예 제 [Example]

04. 엔진 회전수 2500[rpm]에서 회전력이 40[kgf · m]이다. 이때 클러치의 출력 회전수가 2100[rpm]이고, 출력 회전력이 35[kgf · m]라면 클러치의 전달효율[%]은 ?

풀이 $\eta = \frac{\text{클러치의 출력 회전력} \times \text{클러치의 출력 회전속도}}{\text{엔진의 회전력} \times \text{엔진의 회전속도}} \times 100$

$= \frac{T_2 \times N_2}{T_1 \times N_1} \times 100 = \frac{2100 \times 35}{2500 \times 40} \times 100 = 73.5[\%]$

2 변속기

2.1. 수동변속기의 변속(감속)비율

수동변속기의 변속비율은 엔진의 회전속도와 추진축 회전속도와의 비율이며, 변속비율이 큰 것부터 차례로 제1단, 제2단, ····이라 부르고, 변속비율이 1.0인 상태를 직결(top gear)이라 한다. 변속기어의 위치를 저속으로 변속하면 변속비율이 커지고, 출력축의 회전력은 증가하지만 회전속도는 낮아진다.

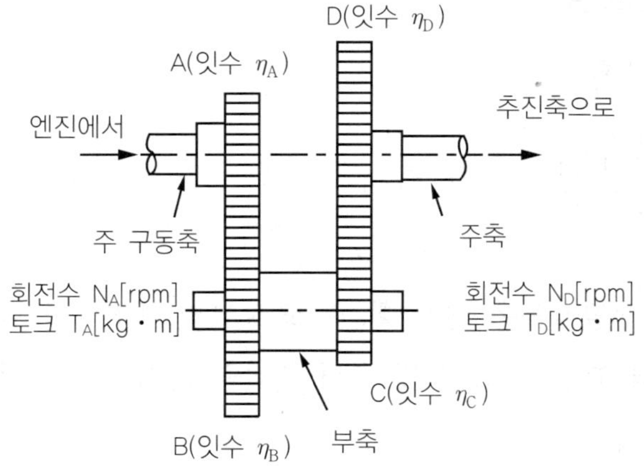

[변속비율]

반대로 고속으로 변속하면 변속비율이 작아지며 출력축의 회전속도가 빨라지나 회전력은 낮아진다.

변속비율을 공식으로 나타내면 다음과 같다.

$$변속비율 = \frac{엔진의\ 회전속도}{추진축의\ 회전속도}$$

또는 $\dfrac{부축기어의\ 잇수}{주축기어의\ 잇수} \times \dfrac{주축기어의\ 잇수}{부축기어의\ 잇수}$ 로 표시한다.

예 제 [Example]

05. 그림과 같은 기어 변속기에서 감속 비율은 ?

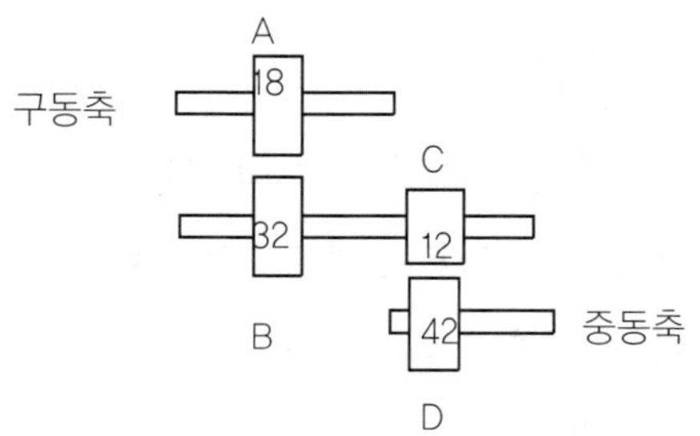

풀이 $변속비 = \dfrac{부축기어의\ 잇수}{주축기어의\ 잇수} \times \dfrac{주축기어의\ 잇수}{부축기어의\ 잇수} = \dfrac{32}{18} \times \dfrac{42}{12} = 6.22$

2.2. 토크변환기의 효율

아래 그림은 토크변환기의 특성을 표시하기 위하여 가로축에는 회전속도 비율 N_t/N_p를, 세로축에는 회전력 변환비율 T_t/T_p를 나타내어 성능곡선도로 표시한 것이다. 회전속도 비율 = 0, 즉 터빈이 정지된 경우가 회전력 비율이 가장 크고, 회전속도 비율이 상승함에 따라 회전력 변환비율은 감소한다. 그리고 회전력 변환비율 = 1.0으로 된 점을 클러치 점(clutch point)이라 한다. 토크변환기 효율 η_{TC}는 다음과 같다.

$$\eta_{TC} = \frac{\text{추진축으로 전달되는 출력}}{\text{엔진의 출력}} \times 100 = \frac{\text{터빈의 출력}}{\text{펌프의 출력}} \times 100$$

$$= \frac{\frac{T_t \times N_t}{716}}{\frac{T_p \times N_p}{716}} = \frac{T_t}{T_p} \times \frac{N_t}{N_p} = \text{회전력 변환비율} \times \text{회전속도 비율}$$

N_p : 펌프의 회전속도
N_t : 터빈의 회전속도
T_p : 펌프의 회전력
T_t : 터빈의 회전력

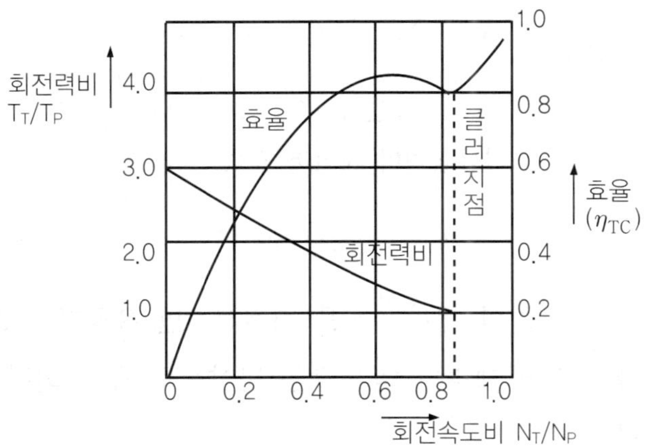

[토크변환기 성능곡선도]

예 제 [Example]

06. 토크변환기의 펌프가 2800[rpm]이고, 속도비가 0.6, 토크비가 4.0인 토크 변환기의 효율을 계산하시오.

풀이 $\eta_{TC} = \eta_s \times \eta_t = 0.6 \times 4.0 = 2.4$

η_{TC} : 토크변환기 효율, η_s : 속도비율, η_t : 토크비율

2.3. 유성기어 변속기의 감속비율

2.3.1. 유성기어 캐리어의 감속

선기어 A, 링기어 D, 유성기어 B, 유성기어 캐리어 C의 관계에서 링기어 D를 고정하고 선기어 A를 회전시키면 유성기어 B는 자전을 하면서 공전하고, 유성기어 캐리어 C는 감속하여 선 기어 A와 같은 방향으로 회전한다. 이때의 변속비율은 다음 공식과 같다.

$$C_r = \frac{A + D}{A}$$

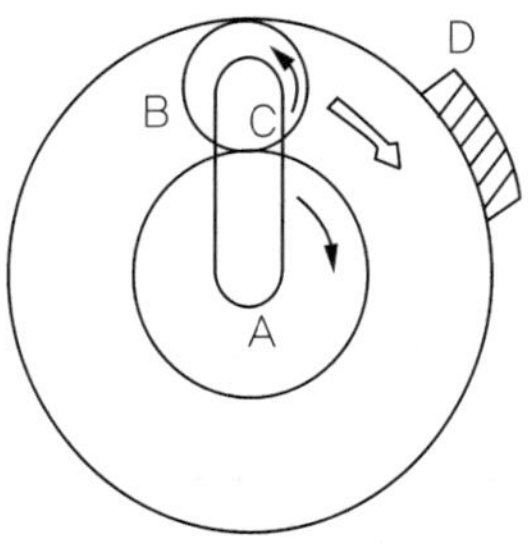

[유성기어 캐리어 감속]

2.3.2. 선 기어의 증속

링 기어 D를 고정하고, 유성기어 캐리어 C를 회전시키면 유성기어 B는 자전을 하면서 공전하고 선 기어 A는 유성기어 캐리어 C와 같은 방향으로 증속 회전한다. 이때의 변속비율은 다음 공식과 같다.

$$A_r = \frac{A}{A + D}$$

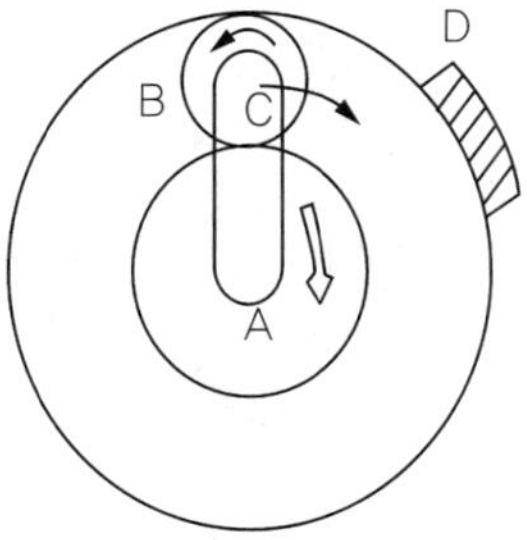

[선 기어 증속]

2.3.3. 링 기어의 역회전

유성기어 캐리어 C를 고정하고 선 기어 A를 회전시키면 유성기어 B는 현재의 위치에서 자전만하고 링 기어 D를 역회전시킨다. 이때의 변속비율은 다음 공식과 같다.

$$D_r = \frac{-D}{A}$$

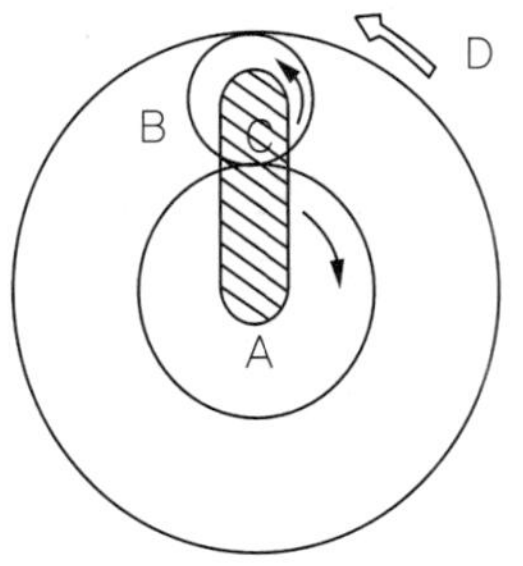

[링 기어의 역회전]

2.3.4. 링 기어 증속

선 기어 A를 고정하고 유성기어 캐리어 C를 회전시키면 유성기어 B는 자전하면서 공전하고 링 기어 D를 유성기어 캐리어 C와 같은 방향으로 증속 회전한다. 이때의 변속비율은 다음 공식과 같다.

$$D_r = \frac{1}{A/D+1} = \frac{D}{A+D}$$

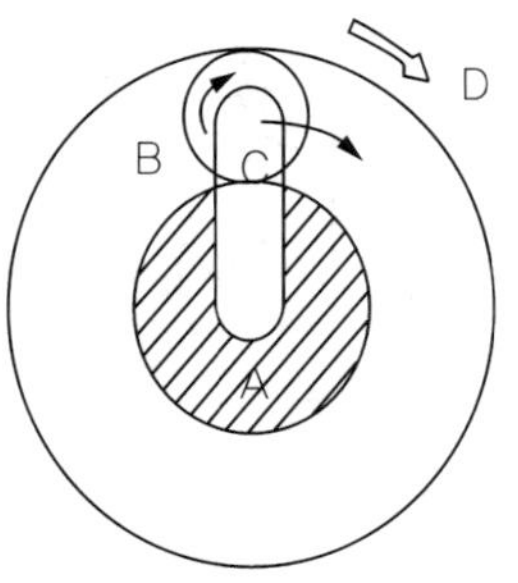

[링 기어 증속]

예 제 [Example]

07. 다음 자동변속기의 선 기어 고정, 링 기어 증속, 캐리어 구동조건에서 변속비를 계산하시오.(단, 선 기어 잇수 : 20, 링 기어 잇수 : 80)

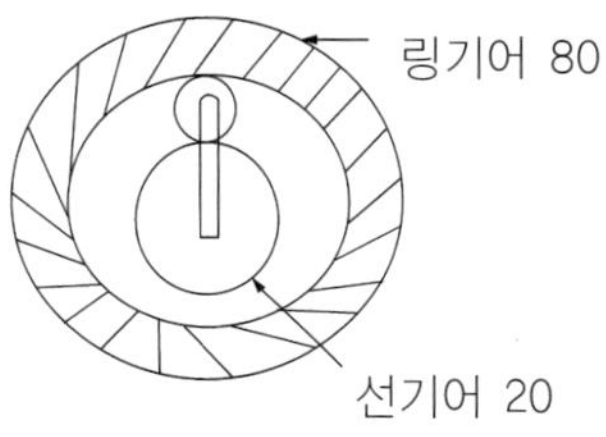

풀이 $Dr = \frac{1}{A/D+1} = \frac{D}{A+D} = \frac{80}{20+80} = 0.8$

Dr : 링 기어 증속 변속비율, A : 선 기어 잇수, D : 링 기어 잇수

2.4. 추진축의 위험 회전속도

추진축은 강한 비틀림을 받으면서 고속회전하므로 이에 견딜 수 있도록 속이 빈 강관(steel pipe)을 사용한다.

$$P_N = 0.12 \times 10^9 \times \frac{\sqrt{D^2 + d^2}}{L^2}$$

P_N : 추진축의 위험 회전수 D : 추진축 바깥지름
d : 추진축 안지름 L : 추진축의 길이

예 제 [Example]

08. 외경 80[mm], 내경 75[mm], 길이 1500[mm]인 강관으로 이루어진 추진축을 설치한 자동차에서 추진축의 위험 회전속도([rpm])을 계산하시오.

풀이 추진축의 위험 회전수= $0.12 \times 109 \times \frac{\sqrt{80^2 + 75^2}}{1500^2}$ = 5848[rpm]

2.5. 종감속 기어의 종감속 비율과 총감속 비율

종감속 기어는 기관의 회전속도를 감소시키고 회전토크를 증가시켜 바퀴로 전달하는 장치이며, 필요에 따라 동력전달 방향을 변환시킨다. 종감속 비율은 링 기어의 잇수와 구동 피니언의 잇수 비율로 표시한다.

즉,

$$r_f = \frac{D_t}{P_t}$$

r_f : 종감속 비율, D_t : 링 기어 잇수
P_t : 구동 피니언의 잇수

종감속 비율은 나누어지지 않는 값으로 하는데 그 이유는 특정의 이가 항상 물리는 것을 방지하여 이의 마모를 방지하기 위함이다. 또 종감속 비율은 엔진의 출력, 차량중량, 가속성능, 등판능력 등에 따라 정해진다. 종감속 비율을 크게 하면 가속성능과 등판능력은 향상되나 고속성능이 저하한다. 그리고 변속비율과 종감속 비율을 곱한 것을 총 감속비율이라 한다.

즉

$$R_r = r \times r_f$$

R_t : 총 감속비율, r : 변속비율
r_f : 종감속 비율

예 제 [Example]

09. 변속기에 제3속의 감속비가 1.5이고 종 감속장치의 구동 피니언의 잇수가 7, 링 기어의 잇수가 35일 때 제 3속의 총 감속비를 계산하시오.

풀이 $Rt = 1.5 \times \frac{35}{7} = 7.5$

3 자동차의 주행속도와 가속도

3.1. 자동차 주행속도

자동차 주행속도는 주행저항을 고려하지 않으면 엔진의 회전속도, 변속비율, 종감속비율, 바퀴의 지름에 따라 결정된다.

$$V = \pi D \times \frac{N}{r \times r_f} \times \frac{60}{1000} [km/h]$$

V : 자동차의 주행속도[km/h]
D : 바퀴의 지름[m]
r : 변속비율
r_f : 종감속 비율

예 제 [Example]

10. 제 3속의 감속비 1.5, 종감속 구동 피니언 기어의 잇수 5, 링 기어의 잇수 22, 구동바퀴 타이어의 유효반경 280[mm]인 자동차의 엔진 회전속도가 3300[rpm]으로 직진주행하고 있을 때 주행속도([km/h])를 계산하시오.

풀이 (1) $r_f = \frac{D_t}{P_t} = \frac{22}{5} = 4.4$

(2) $V = 3.14 \times 0.28 \times 2 \times \frac{3300}{1.5 \times 4.4} \times \frac{60}{1000}$

$= 52.75[km/h]$

3.2. 가속도

$$\alpha = \frac{V_2^2 - V_1^2}{2S} \ [m/s^2]$$

α : 가속도　　V_2 : 나중속도
V_1 : 처음속도　　S : 주행한 거리

예 제[Example]

11. 자동차가 출발하여 100[m]에 도달할 때의 속도가 60[km/h]이다. 이때 자동차의 가속도([m/s²])를 계산하시오.

풀이 $\alpha = \frac{V_2^2 - V_1^2}{2S} = \frac{\left(\frac{60}{3.6}\right)^2}{2 \times 100} = 1.388[m/s^2]$

3.3. 구동 차축의 토크와 바퀴 회전속도

3.3.1. 구동 차축의 토크

$$T = E_t \times r \times r_f$$

T : 구동 차축에 전달되는 토크
E_t : 엔진의 토크
r : 변속비율
r_f : 종감속 비율

예 제[Example]

12. 기관의 토크는 1,500[rpm]에서 20.06[kgf-m]이다. 2단 변속비는 1.5 : 1이고 종감속장치의 피니언 잇수는 10개, 링 기어의 잇수는 35개이다. 이때 구동 차축에 전달되는 토크([kgf-m])를 계산하시오.

풀이 $T = E_t \times r \times r_f = 20.06 \times 1.5 \times \frac{35}{10} = 105.32[kgf-m]$

3.3.2. 바퀴 회전속도

[1] 엔진 회전속도가 주어졌을 때

$$T_N = \left(\frac{E_N}{r \times r_f} \times 2\right) - N$$

T_N : 바퀴 회전속도　　　　E_N : 엔진의 회전속도
r : 변속비율　　　　r_f : 종감속 비율
N : 상대하는 바퀴의 회전속도

[2] 추진축의 회전속도가 주어졌을 때

$$T_N = \left(\frac{P_N}{r_f} \times 2\right) - N$$

T_N : 바퀴 회전속도
P_N : 추진축의 회전속도

예 제 [Example]

13. 엔진 회전속도가 2,418[rpm]인 자동차의 변속비 및 종감속비가 각각 2.5, 6.2일 때 오른쪽 바퀴의 회전속도가 186[rpm]이면 왼쪽 바퀴의 회전속도([rpm])를 계산하시오.

풀이 $T_N = \left(\frac{E_N}{r \times r_f} \times 2\right) - N = \frac{2418}{2.5 \times 6.2} \times 2 - 186 = 126[rpm]$

3.4. 구동력

구동력이란, 자동차의 구동바퀴가 발생하는 추진력이다.

$$F = \frac{T}{R}$$

F : 구동력([kgf])
T : 회전력([kgf-m])
R : 타이어의 반지름([m])

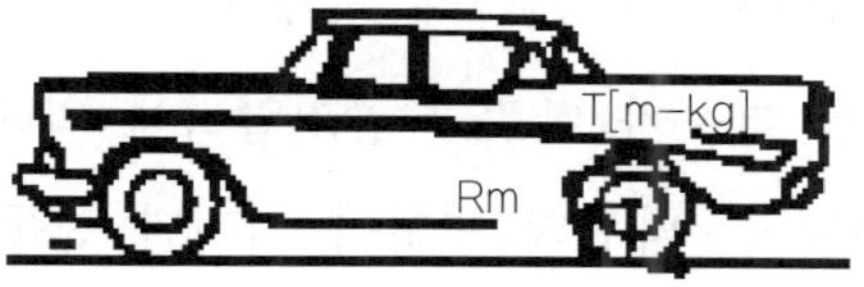

[구동력]

예 제 [Example]

14. 자동차가 72[km/h]의 속도로 일정하게 주행한다. 이때 주행저항이 112.5[kgf]이고, 구동바퀴의 유효반경이 30[cm]일 때 구동 토크([kgf-m])를 계산하시오.

풀이 T= FR = 112.5[kgf]×0.3[m] = 33.75[kgf-m]

4 주행저항

주행 중인 자동차에는 주행을 방해하려는 힘이 발생하는데 이 힘은 자동차를 추진시키려고 하는 힘, 즉 구동력에 저항한다. 이 주행하는 힘을 총칭하여 주행저항이라고 한다.

4.1. 구름저항(rolling resistance, R_r)

바퀴가 수평노면을 굴러가는 경우 발생하는 저항으로 노면의 굴곡, 타이어 접지부분의 변형, 타이어와 노면의 마찰손실에서 발생하며 바퀴에 걸리는 차량 하중에 비례한다. 즉 바퀴가 수평노면을 전동하는 경우 발생하는 저항과 에너지 손실에 의한 것으로 다음과 같은 저항 및 손실로 표현된다.

① 타이어 접지부분의 변형에 의해 발생하는 저항

② 노면을 변형시키는데 필요로 하는 동력손실에 의한 저항

③ 노면의 요철 등에 의한 충격 저항

④ 바퀴와 노면사이의 접지부분에서의 슬립에 의한 저항

⑤ 바퀴 베어링 등의 마찰에 의한 저항

구름저항은 여러 가지 원인에 의해 발생하기 때문에 바퀴에 걸리는 하중, 노면상태 및 주행속도에 따라 변하지만 일반적으로 하중에 비례하므로 주행속도에는 영향은 받지 않는다고 본다. 그리고 구름저항 계수가 바퀴의 공기압력에 의해 변화하는 것은 공기 압력이 낮을수록 바퀴 변형이 커지고, 바퀴의 변형이 커지면 전동할 때의 변형과 복원에 의한 에너지 손실이 커진다.

또한 접지부분에 있어서 바퀴가 노면에서 슬립하기 때문에 마찰에 의한 손실이 커지며 구름저항 계수는 바퀴가 새것 일 때, 공기압력이 낮을 때, 주행속도가 증가할 때 커진다. 이 현상은 고속이 되면 급격히 증가되어 스탠딩 웨이브가 발생한다. 구름저항은 다음 공식으로 나타낸다.

$$구름저항\ R_r = \mu_r \times W\ (평탄한\ 도로)$$
$$= \mu_r \times W \times \cos\theta\ (경사진\ 도로)$$

R_r : 구름저항([kg_f])
μ_r: 구름저항 계수
W : 차량 총중량([kg_f])

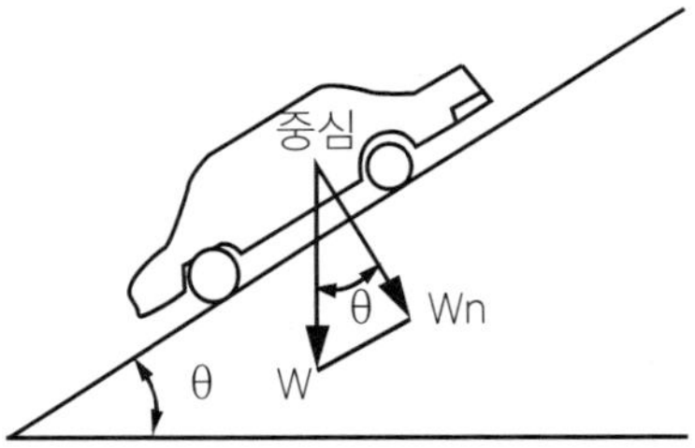

[언덕길에서의 수직하중]

예 제 [Example]

15. 어떤 소형버스의 총중량이 1600[kgf]이다. 이 자동차가 평탄한 도로를 50[km/h]로 주행할 때 구름저항([kgf])을 계산하시오.(단, 구름저항 계수 0.02, 공기저항은 무시한다)

풀이 $R_r = \mu_r \times W = 1600[kgf] \times 0.02 = 32[kgf]$

4.2. 공기저항(air resistance, R_a)

자동차의 주행을 방해하는 공기의 저항이며 대부분 압력저항이다. 또한 차체의 형상에 따라 기류의 박리에 의해 발생하는 맴돌이 형상 저항과 자동차가 양력에 의한 유도저항이다. 공기저항은 자동차의 투영면적과 주행속도의 곱에 비례한다. 자동차 공기저항은 압력 저항이 주된 것이지만 그 중 형상저항이 전체의 60[%]를 차지한다.

[공기저항]

① 형상저항 : 차체 형상에 의해 결정되며 전 투영면적에 적용되는 풍압이 의해 크게 작용한다(항력).

② 유도저항 : 고속이 되면 차체를 들어 올리려는 힘이 발생한다(양력).

③ 마찰저항 : 공기의 점성 때문에 차체 표면과 공기사이에 발생한다.

④ 표면저항 : 차체 표면에 있는 요철이나 돌기 등에 의해 발생한다.

⑤ 내부저항 : 엔진냉각 및 차량 실내 환기를 위해 들어오는 공기흐름에 발생한다.

공기저항은 다음 공식으로 나타낸다.

$$\text{공기저항 } R_a = C\frac{\rho}{2g}AV^2$$

R_a : 공기저항[kgf]	C : 차체의 형상계수
ρ : 공기밀도[kgf/m]	A : 자동차 전면 투영면적[m^2]
g : 중력 가속도 9.8[m/s^2]	V : 주행속도[m/sec]

지금 $C\frac{\rho}{2g} = \mu_a$라 하면

$$R_a = \mu_a A V^2$$

μ_a : 공기저항 계수, A : 전면 투영면적([m^2]), V : 주행속도([m/sec])

예 제 [Example]

16. 어떤 자동차가 평탄한 아스팔트 포장도로를 80[km/h]로 주행하고 있을 때 공기저항을 계산하시오.(단, 차량 총중량 1600[kgf], 전면 투영면적 1.8[m^2], 공기저항 계수 0.005이다)

풀이 $R_a = \mu_a \times A \times V^2 = 0.005 \times 1.8 \times (\frac{80}{3.6})^2 = 4.44$[kgf]

4.3. 등판저항(gradient resistance, R_g)

자동차가 경사면을 올라갈 때 차량 중량에 의해 경사면에 평행하게 작용하는 분력의 성분이다. 경사각을 경사면 구배율 [%]로 표시하면 된다. 경사면의 수직성분 $W \times \cos\theta$에 구름저항 계수 μ_r을 곱한 것은 등판할 때 구름저항계수가 되지만 그 수직 값이 일반적으로 작기 때문에 구름저항의 구배에 의한 무시하는 것이 일반적이다.

내리막길에서는 등판저항이 반대로 되며 구름저항이나 공기저항 보다 등판저항의 절대값이 크게 되면 차량 속도도 빨라지게 된다.

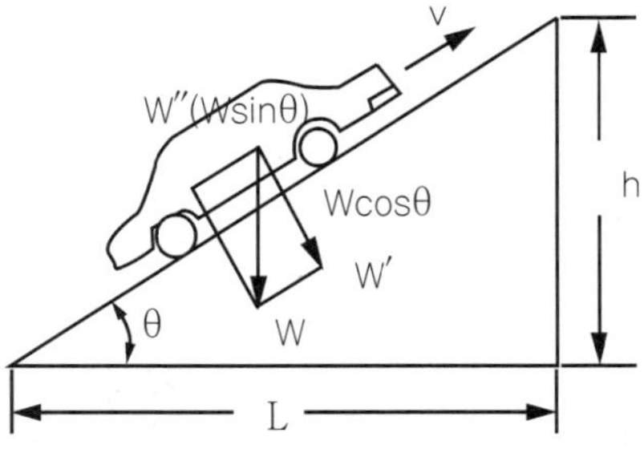

[등판저항]

등판저항은 다음 공식으로 나타낸다.

$$등판\ 저항\ R_g = W \times \sin\theta$$

R_g : 등판(구배) 저항([kg_f])
W : 차량 총중량([kg_f])
θ : 경사각도

이 W×sinθ는 본래의 저항과는 같은 것이 아니나 그 효과가 저항이 증가하는 것과 같이 작용되므로 구배저항 또는 등판 저항이라 부르고, sinθ의 값을 저항계수라 한다. 구배는 sinθ로 표시하는 것보다 tanθ(그림에서 $\frac{h}{\ell}$)로 표시하는 것이 편리할 때가 많으므로 일반적으로 tan의 값으로 표시한다. 각도 θ가 작을 때에는 sinθ≒ tanθ라고 생각하여도 실용상 지장이 없으므로 다음과 같이 표시할 수도 있다.

$$R_g = W \times \sin\theta \approx W \times \tan\theta$$

또 구배를 [%]로 표시한 수를 G라 하면

$$R_g = \frac{W \times G}{100}$$

이다.

4.4. 가속저항(acceleration resistance, R_i)

자동차의 주행속도를 변화시키는데 필요한 힘을 가속저항이라 하며, 자동차의 관성을 이기는 힘이므로 "관성저항" 이라고도 할 수 있다.

① 차량 구동계통 회전부분의 회전속도를 상승시키는 힘

② 회전부분을 삭제한 차량의 가속부분만 고려한 힘

회전부분 상당중량은 차량 변속비율에 따라 다르고 저속에서 중요한 인자가 된다. 가속저항은 다음 공식으로 나타낸다.

$$가속저항\ R_i = \frac{W}{g}\alpha$$

R_i : 가속저항([kgf])
W : 차량 총중량([kgf])
g : 중력 가속도(9.8[m/s^2])
α : 가속도([m/s^2])

실제로 자동차가 가속될 때에는 자동차 전체가 가속될 뿐만 아니라 엔진을 비롯하여 동력전달장치 회전부분의 회전속도도 가속되어야 하므로 이들의 관성에 이길 회전력이 필요하게 된다. 따라서 그 만큼 저항이 발생하며 이것은 마치 자동차 중량이 증가한 것과 같은 결과가 된다.

따라서 공식은

$$R_i = \frac{W + \Delta W}{g} \times \alpha$$

이 되며, △W를 회전부분 상당중량(equivalent mass of rotating parts)이라 한다. △W는 자동차에 따라 정해지는 고유의 값이며, 회전부분의 형상, 중량 및 회전속도에 의해 크게 영향을 받는다.

또 △W/W= ε이라 하면 $R_i = \frac{W + \Delta W}{g} \times \alpha$은 다시 $R_i = \frac{1}{g}(1+\epsilon)W \times \alpha$이 된다.

4.5. 전주행 저항(total running resistance, R_t)

자동차의 주행저항은 주행조건에 따라 여러 가지 상태로 나타낼 수 있으며 구분은 다음과 같다.

① 평탄한 도로 등속주행 : 전 주행저항 = 구름저항 + 공기저항
② 경사로 등속 주행 : 전 주행저항 : 구름저항 + 공기저항 + 등판저항
③ 평탄한 도로 등 가속주행 : 전 주행저항 = 구름저항 + 공기저항 + 가속저항
④ 경사로 등 가속주행 : 전주행 저항 = 구름저항 + 공기저항 + 가속저항 + 등판저항

$$R_t = \mu_r W + \mu_a A V^2 + W\ \sin\theta + \frac{(1+\epsilon)\alpha}{g} W$$

$$= \left[\mu_r + \sin\theta + \frac{(1+\epsilon)\alpha}{g}\right] W + \mu_a A V^2$$

예 제 [Example]

17. 캐러밴(caravan)을 견인하는 승용차가 60[km/h]의 속도로 약간 경사진 언덕길을 주행하고 있다. 이때 구동력에 대항하여 캐러밴에 작용하는 저항은 구름저항 110[N], 공기저항 700[N], 그리고 등판저항이 220[N]이다. 캐러밴 커플링에 부하된 구동력의 크기[N]는 ?

풀이 구동력의 크기= 구름저항(110[N]) + 공기저항(700[N])
+ 등판저항(220[N]) = 1030[N]

4.6. 엔진의 실마력

$$H_{ps} = \frac{R_t \times v}{75\eta}$$

H_{ps} : 엔진의 실마력([PS]) R_t : 전 주행저항([kg_f])
v : 주행속도([m/s]) η : 동력전달 효율

예 제 [Example]

18. 자동차가 72[km/h]로 주행하기 위한 엔진의 실마력을 계산하시오.(단, 전 주행저항은 75[kgf]이고, 동력전달 효율은 0.8이다)

풀이 $Hps = \frac{R_t \times v}{75\eta} = \frac{75 \times 20}{75 \times 0.8} = 25[PS]$

※ 72[km/h] = 20[m/s]

5 조향기어

5.1. 조향기어 비율

$$\text{조형기어 비율} = \frac{\text{조향핸들이 움직인 각도}}{\text{피트먼 암이 움직인 각도}}$$

예 제 [Example]

19. 조향핸들을 2바퀴 돌렸을 때 피트먼 암이 90° 움직였다. 조향 기어비를 계산하시오.

풀이 $\text{조향기어비} = \frac{\text{핸들의 회전각}}{\text{피트먼암 회전각}} = \frac{720}{90} = 8$

5.2. 선회할 때 원심력의 크기

$$F = \frac{Mv^2}{R}$$

F : 선회할 때의 원심력, M : 총 질량
v : 주행속도([m/s]), R : 커브의 평균반경

예 제 [Example]

20. 총 질량 1160[kg]인 스포츠카가 72[km/h]의 속도로 커브를 선회중이다. 그리고 커브의 평균반경은 42[m]이다. 이때 원심력([N])을 계산하시오.(단, 슬립은 없다)

풀이 $F = \frac{Mv^2}{R} = \frac{1160 \times 20^2}{42} = 11048[N]$

※ 72[km/h]= 20[m/s]

5.3. 사이드슬립량

사이드슬립이란 앞바퀴의 얼라인먼트의 불량으로 자동차 주행중에 타이어가 노면에서 옆으로 미끄러지는 현상으로 규정값은 1[km]주행에 슬립양이 좌우 각각 5[m] 이내이어야 정상이다.

$$S_s = \frac{R_s + L_s}{2}$$

S_S : 사이드 슬립량
R_S : 오른쪽 바퀴의 미끄러짐량
L_S : 왼쪽 바퀴의 미끄러짐량

예 제 [Example]

21. 사이드슬립 시험기로 미끄럼 량을 측정한 결과 왼쪽바퀴가 in-8, 오른쪽 바퀴가 out-2를 표시했다. 이때 슬립량을 계산하시오.

풀이 사이드 슬립량= $\frac{8-2}{2}$ = 3(in)

5.4. 최소 회전반경

최소 회전반경이란 조향핸들을 왼쪽 또는 오른쪽으로 최대한 돌린 후 매우 저속으로 선회를 한다. 이때 각 바퀴의 자국은 원을 그리는데 이 원 중에서 가장 바깥쪽 것을 선택하여 지름을 측정하고, 그 치수의 1/2를 최소 회전반경으로 한다.

각 바퀴의 조향각도에 대해서는 아래 그림에 표시되고 있는 관계가 만족될 경우에는 아래 그림에서 표시한 삼각형에 대하여 다음 공식이 성립한다.

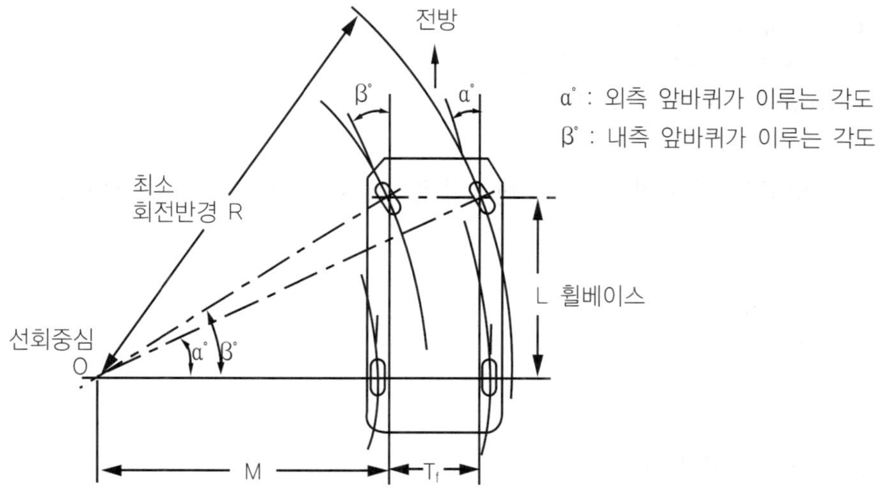

[최소 회전반경]

$$M= \frac{L}{\tan\alpha} - T_f = \frac{L}{\tan\beta}$$

$$R= \frac{L}{\sin\alpha}$$

$$\tan\alpha = \frac{L}{M+T_f} \text{에서 } M = \frac{L}{\tan\alpha} - T_f$$

$$\tan\beta = \frac{L}{M} \text{에서, } M = \frac{L}{\tan\beta}$$

따라서

$$\frac{L}{\tan\alpha} - T_f = \frac{L}{\tan\beta} = M$$

이 공식에서

$$T_f = \left(\frac{1}{\tan\alpha} - \frac{1}{\tan\beta}\right) \times L$$

T_f : 앞바퀴의 윤거
tanα: 바깥쪽 앞바퀴의 조향각도
tanβ: 안쪽 앞바퀴의 조향각도

그리고 가장 바깥쪽 앞바퀴 자국의 반지름을 R이라 하면 최소 회전반경은 다음과 같다.

$$R = \frac{L}{\sin\alpha} + r$$

R : 최소 회전반경[m]
L : 축거[m]
$\sin\alpha$: 바깥쪽 바퀴의 조향 각도[°]
r : 바퀴접지 면 중심과 킹핀 중심과의 거리[m]

예 제 [Example]

22. 차량이 우회전할 때 우측이 38°, 좌측이 29° 조향된다. 축거가 3200[mm]이고 킹핀과 바퀴 접지 면의 중심거리가 100[mm]일 때 최소회전반경[m]을 계산하시오.

풀이 $R=\frac{3.2}{\sin 29°}+0.1=6.7[m]$

6 브레이크장치

6.1. 푸시로드에 작용하는 힘

푸시로드에 작용하는 힘= 페달 밟는 힘 × 지렛대 비율

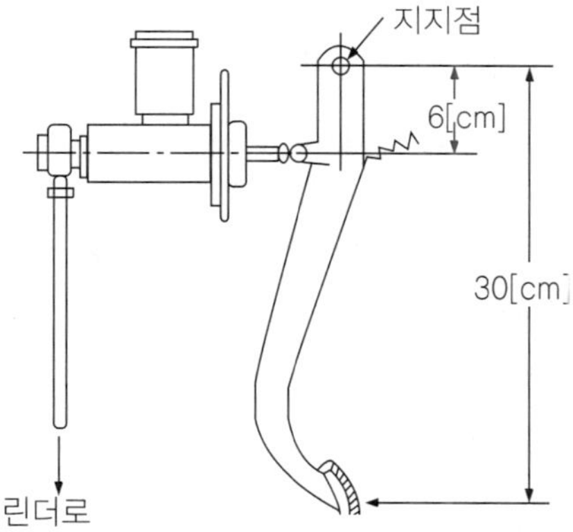

[브레이크페달]

6.2. 마스터실린더에서 발생하는 유압

마스터실린더에서 발생한 유압은 푸시로드를 누르는 작동력을 마스터실린더의 단면적으로 나눈 값이다.

$$유압=\frac{힘}{면적}$$

예 제 [Example]

23. 다음 그림과 같은 유압식 브레이크에서 페달을 200[N]의 힘으로 밟을 때, 마스터실린더에서 휠 실린더로 가해지는 압력[kgf]을 계산하시오. (단, 마스터실린더 피스톤의 작용면적은 4[cm²]이다)

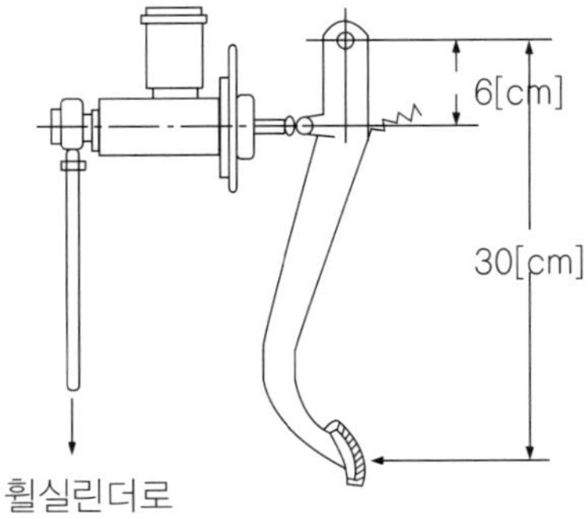

풀이 (1) 피벗 지점에 발생되는 토크

$$T = \ell \times PF = 200[N] \times 30[cm] = 6000[N\text{-}cm]$$

ℓ : 브레이크페달의 길이

PF : 브레이크페달을 밟는 힘

(2) 마스터실린더 피스톤을 미는 힘 $F = \frac{T}{\ell'}$

ℓ' : 피벗 지점에서 페달 지지점까지의 길이

$$\therefore \frac{6000[N-cm]}{6[cm]} = 1000[N]$$

(3) 마스터실린더에서 발생되는 유압 $P = \frac{F}{A}$

$$\therefore \frac{1000[N]}{4[cm^2]} = 250[N/cm^2] = 2500[kPa]$$

6.3. 파스칼의 원리와 휠 실린더

파스칼의 원리란 밀폐된 용기 속에 있는 유체의 일부분에 압력을 가하면 그 압력은 유체 내의 모든 곳에 같은 크기로 전달된다.

$$P= \frac{F_1}{A_1} = \frac{F_2}{A_2}$$

F_1 : 마스터실린더 내의 피스톤을 미는 힘
A_1 : 마스터실린더 내의 단면적
F_2 : 브레이크슈를 미는 휠 실린더 피스톤의 힘
A_2 : 휠 실린더의 단면적

7 제동성능

7.1. 브레이크 드럼에 발생하는 제동토크

제동된 브레이크 드럼에 발생하는 제동토크는 다음 공식으로 표시된다.

$$T_B = \mu P r$$

T_B : 제동 토크
μ : 브레이크 드럼과 라이닝의 마찰계수
r : 브레이크 드럼의 반지름
P : 브레이크 드럼에 걸리는 전체 제동력

위 공식에서 P는 라이닝의 면적과 휠 실린더의 압착력에 비례하는 것이고, 휠 실린더에서 발생되는 힘은 페달을 밟는 힘과 페달의 지렛대 비율, 마스터 실린더와 휠 실린더의 면적 비율 등에 따라 결정된다. 구조상 페달 밟는 힘, 지렛대 비율은 그렇게 크게 할 수 없다.

예 제[Example]

24. 지름 30[cm]인 브레이크 드럼에 작용하는 힘이 600[N]이다. 마찰계수가 0.3이라 하면 이 드럼에 작용하는 토크[N · m]는 ?

풀이 $T_b = \mu P r = \frac{0.3 \times 600[N] \times 30[cm]}{2 \times 100} = 27[N \cdot m]$

7.2. 제동거리

[1] 제동거리 산출공식 1

제동장치의 능력이 아무리 크다 해도 얻을 수 있는 최대 제동력은 바퀴와 노면과의 마찰력에 의해 결정되며 모든 바퀴가 고착되었을 때 제동거리는 다음 공식이 성립된다.

$$\frac{1}{2}\times\frac{W}{g}\times v^2=\mu W\times L \text{ 에서}$$

$$\frac{W}{g}=\frac{2}{v^2}\mu WL \quad \cdots\cdots (1)$$

W : 차량 총중량([kgf]) g : 중력 가속도([9.8m/s²])
v : 제동 초속도([m/s]) L : 제동거리[m]
μ : 바퀴와 노면과의 마찰계수

식 (1)에서

$$L=\frac{v^2}{2\mu g} \quad \cdots\cdots (2)$$

을 얻을 수 있다.

제동거리는 공식 (2)와 같이 표시되나 실제 측정에 의한 측정값이 있으면 다음 공식으로 각 속도에 있어서의 제동거리를 비교적 정확하게 구할 수 있다.

$$L_S=L_O\left(\frac{V_S}{V_O}\right)^2 \quad \cdots\cdots (3)$$

L_S : V_S[km/h]에 있어서의 제동거리
L_O : 실제 측정값
V_O : 실제 측정할 때의 속도
V_S : L_S를 산출하려고 하는 속도

예 제 [Example]

25. 주행속도 80[km/h]의 자동차에 브레이크를 작용시켰을 때 제동거리[m]는 약 얼마인가 ?(단, 단, 차륜과 도로면의 마찰계수는 0.2이다)

풀이 $S = \dfrac{v^2}{2\mu g} = \dfrac{22.2^2}{2 \times 0.2 \times 9.8} = 126[\mathrm{m}]$

(80[km/h]= 22.2[m/s])

S : 제동거리, v : 제동초속도([m/s])
μ : 마찰계수, g : 중력 가속도(9.8[m/s^2])

[2] 제동거리 산출공식 2

지금 주행속도 V[km/h]의 자동차가 제동력 F[kgf]의 작용으로 운동거리 S[m]에서 정지하였다고 하면 그때의 일은 다음과 같다.

$$\text{자동차가 한 일} = F \times S \quad \cdots\cdots (4)$$

또 질량 m의 자동차가 속도 v[m/sec]로 운동을 하고 있을 때의 에너지는 다음과 같다.

$$\text{자동차가 가지는 에너지} = \frac{1}{2}mv^2 \quad \cdots\cdots (5)$$

그런데 질량 m은 지구의 중력 가속도 g(9.8[m/s^2])가 작용하여 자동차의 중량 W[kgf]가 되므로

$$\text{자동차의 질량}\ m = \frac{W}{g} \quad \cdots\cdots (6)$$

가 된다. 따라서 (6)을 (4)에 대입하면

$$\text{자동차가 가지는 에너지} = \frac{1}{2}mv^2 = \frac{1}{2} \times \frac{W}{g} \times v^2 \quad \cdots\cdots (7)$$

이 된다. 자동차가 한 일과 운동 에너지는 같은 것이므로 (4)와 (7)는 같다.

즉,

$$F \times S = \frac{1}{2} \times \frac{W}{g} \times v^2 \quad \cdots\cdots (8)$$

F : 제동력([kgf]), S : 제동거리([m])
W : 자동차의 총 중량([kgf]), g : 중력 가속도(9.8[m/s²])
v : 자동차의 주행속도([m/sec])

여기서 자동차 주행속도 V[km/h]와 v[m/sec]사이에는 다음의 관계가 있다.

즉,

1[km] = 1000[m], 1[h] = 60[sec] × 60 = 3600[sec]

그러므로

$$V[km/h] = \frac{1000}{3600} V[m/sec] = \frac{V}{3.6} [m/sec] \quad \cdots\cdots (9)$$

가 된다.

운동 에너지는 속도의 제곱에 비례하므로 단위를 V로 고치기 위해 (8)를 (9)에 대입하면

$$F \times S = \frac{1}{2} \times \frac{W}{g} \times \left(\frac{V}{3.6}\right)^2 = \frac{1}{2} \times \frac{W}{9.8} \times \frac{V^2}{12.96}$$

$$= \frac{1}{2} \times \frac{W}{9.8} \times \frac{V^2}{12.96}$$

이 된다. 이것을 간단히 하면

$$F \cdot S = \frac{W \times V^2}{254} \quad \cdots\cdots (10)$$

식 (10)을 변형시키면

$$S= \frac{V^2}{254} \times \frac{W}{F} \quad \cdots\cdots (11)$$

식 (11)을 제동거리 산출공식이라 한다.

그밖에 제동을 걸면 자동차 자체의 운동을 정지시키고 동시에 동력전달장치들을 정지시키지 않으면 안 된다. 이들을 회전부분 상당중량(W′)이라 하며 이것을 차량중량에 더하여 산출되는 것이 제동거리이며 다음과 같이 나타낸다.

$$제동거리(S_1)= \frac{V^2}{254} \times \frac{(W+W')}{F} \quad \cdots\cdots (12)$$

회전부분 상당중량(W′)의 값은 다음과 같다.

- 승용자동차 : 차량 중량의 5[%](0.05W)
- 승합 및 화물자동차 : 차량 중량의 7[%](0.07[W])

예 제 [Example]

26. 보기에서와 같은 제원을 가진 자동차의 제동거리[m]를 계산하시오.

[보기] 차량중량 1375[kgf], 승차정원 5명
제동초속도 50[km/h]
제동력 : 전우 235[kgf], 후우 215[kgf], 전좌 267[kgf]
후좌 185[kgf]
단, 회전부분 상당중량은 차량중량의 5[%]이다)

풀이 제동거리 $S_1 = \frac{V^2}{254} \times \frac{(W+W')}{F} = \frac{50^2}{254} \times \frac{1375+(1375\times 0.05)}{235+215+267+185}$

$= 15.75[m]$

V : 제동 초속도, W : 차량중량, W′ : 회전부분 상당중량, F : 제동력

7.3. 공주거리

실제의 자동차 운전에서 운전자가 위험을 인지하여 발로 브레이크 페달을 밟아서 브레이크의 작용이 시작할 때까지 걸리는 시간을 공주시간이라 하며, 이 사이에 주행하는 거리를 공주거리라고 한다.

주행속도 V[km/h], 즉 $\frac{V}{3.6}$[m/sec]의 자동차가 공주시간에 주행한 거리는

거리 = 속도 × 시간

이므로

$$공주거리(S_2)= \frac{V}{3.6} \times 공주시간([t])$$

이 된다.

지름 공주시간을 0.1[sec]라 하면

$$공주거리(S_2)= \frac{V}{3.6} \times 0.1 = \frac{V}{36} \quad \cdots\cdots (13)$$

가 된다.

7.4. 정지거리

정지거리는 제동거리 S_1에 공주거리 S_2를 더한 것이므로

$$정지거리= \frac{V^2}{254} \times \frac{(W + W')}{F} + \frac{V}{36} \quad \cdots\cdots (14)$$

가 된다.

예 제 [Example]

27. 자동차의 공주거리-제동거리-정지거리를 산출하고 안전기준에 의거 판정하시오.

[보기] 차량중량 920[kgf], 제동력합계 600[kgf], 제동초속도 50[km/h]
회전부분 상당중량 차량중량의 5[%], 최고시속 140[km/h]
공주시간 0.3초

풀이 (1) 공주거리

$$L= \frac{V}{3.6} \times t = \frac{50}{3.6} \times 0.3 = 4.17[m]$$

L : 공주거리([m]), V : 제동 초속도([km/h]), t : 공주시간([sec])

(2) 제동거리

$$S = \frac{V^2}{254} \times \frac{W + W'}{F} = \frac{50^2}{254} \times \frac{920 + (920 \times 0.05)}{600} = 15.85[m]$$

S: 정지거리([m]), V: 제동 초속도([km/h])
W : 차량중량([kgf]), F: 제동력([kgf])
W′ : 회전부분 상당중량([kgf])

(3) 정지거리 : 제동거리+공주거리

$\therefore$ S= 15.85+4.17= 20.02[m]

7.5. 제동 감속도

V_1[m/sec]의 속도를 지닌 물체가 t[sec]가 걸려 V_2[m/sec]의 속도까지 감소되었을 때 평균 감속도 b[m/s^2]는

$$b = \frac{\text{속도의 변화량}}{\text{시간}} = \frac{V_1 - V_2}{t} ([m/s^2])$$

로 정의한다.

이때 최초의 속도(제동 초속도)가 V[m/sec], 최후의 속도가 0, 이 변화하는 사이에 걸린 시간이 t[sec]이므로 평균 감속도 b= $\frac{V-0}{t} = \frac{V}{t}$이다. 또는 거리[S]와 속도[V]를 알면 b= $\frac{V^2}{2S}$로 나타낼 수 있다.

예 제 [Example]

28. 시속 90[km/h]로 달리던 자동차가 10초 후에 정지하였다. 이때 감속도 [m/s²]를 계산하시오.

풀이 감속도(b)= $\frac{V}{t} = \frac{90 \times 1000}{10 \times 3600} = 2.5[m/sec^2]$

V: 주행속도, t : 소요기간

Chapter Ⅴ 실력평가

01. 자동차 수동변속기에 있는 단판 클러치에서 마찰면의 외경이 24[cm], 내경이 12[cm]이고, 마찰계수가 0.3이다. 클러치 스프링이 9개이고, 1개의 스프링에 각각 313.6[N]의 장력이 작용하고 있다면 클러치가 전달 가능한 토크는 ?

㉮ 약 75.2[N · m]　　㉯ 약 152.4[N · m]

㉰ 약 380.8[N · m]　　㉱ 약 660.6[N · m]

풀이 $Tc = \frac{(D+d) \times P \times n \times \mu}{2} = \frac{(24+12) \times 313.6 \times 9 \times 0.3}{2 \times 100} = 152.4$[N • m]

Tc : 클러치 전달 토크, D : 외경, d : 내경

P : 클러치에 작용하는 장력, n : 스프링 수, μ : 마찰계수

정답 ㉯

02. 마찰면의 바깥지름이 300[mm], 안지름 150[mm]인 단판 클러치가 있다. 작용하중이 800[kgf]일 때 클러치 압력판의 압력은 ?

㉮ 0.51[kgf/cm²]　　㉯ 1.51[kgf/cm²]

㉰ 2.51[kgf/cm²]　　㉱ 3.15[kgf/cm²]

풀이 $P = \frac{W}{A_1 - A_2} = \frac{800}{(0.785 \times 30^2) - (0.785 \times 15^2)} = 1.51$[kgf/cm²]

정답 ㉯

03. 클러치 스프링의 장력을 T, 클러치판과 압력판 사이의 마찰계수를 f, 클러치판의 평균반경을 r이라 하고, c를 엔진의 회전력이라 하였을 때 클러치가 미끄러지지 않기 위한 조건식은 ?

㉮ Tfr ≧ c　　㉯ Tfr ≦ c

㉰ T 〈 $\frac{c}{fr}$　　㉱ T 〉 frc

정답 ㉮

04. 변속기 입력축과 물리는 카운터 기어의 잇수가 45개, 출력축 2단 기어의 잇수가 29개, 입력축 기어 잇수가 32개, 출력과 물리는 카운터 기어의 잇수가 25개이다. 이 변속기의 변속비는 얼마인가 ?

㉮ 1.63 : 1　　㉯ 1.99 : 1

㉰ 2.77 : 1　　㉱ 3.05 : 1

풀이 $\text{변속비} = \dfrac{\text{카운터 기어의 잇수}}{\text{출력축 기어의 잇수}} \times \dfrac{\text{출력축 기어의 잇수}}{\text{카운터 기어의 잇수}}$

$= \dfrac{45}{32} \times \dfrac{29}{25} = 1.63$

정답 ㉮

05. 속도비가 0.4이고, 토크비가 2인 토크 컨버터에서 펌프가 4000[rpm]으로 회전할 때, 토크 컨버터의 효율은 ?

㉮ 20[%]　　㉯ 40[%]

㉰ 60[%]　　㉱ 80[%]

풀이 효율= 속도비×토크비×100

= 0.4×2×100= 80[%]

정답 ㉱

06. 그림에서 A의 잇수는 90, B의 잇수는 30일 때 암 D가 오른쪽으로 3회전, A가 왼쪽으로 2회전 할 때 B의 회전수는 얼마인가 ?

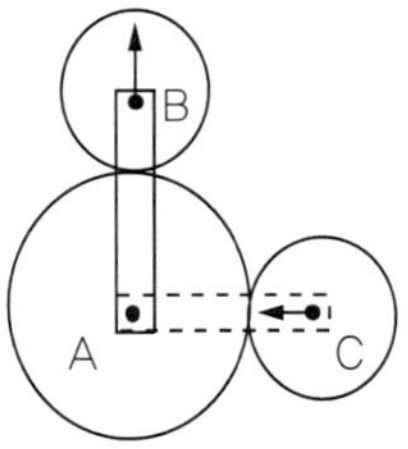

㉮ 왼쪽으로 18회전　　㉯ 왼쪽으로 15회전

㉰ 오른쪽으로 15회전　　㉱ 오른쪽으로 18회전

풀이 $\dfrac{B-D}{A-D} = \dfrac{A'}{B'} = \dfrac{B-3}{-2-3} = \dfrac{90}{-30}$

∴ 오른쪽으로 18회전

정답 ㉱

07. A의 잇수는 90, B의 잇수가 30일 때 A를 고정하고, D를 오른쪽으로 3회전할 경우 B의 회전수는 얼마인가 ?

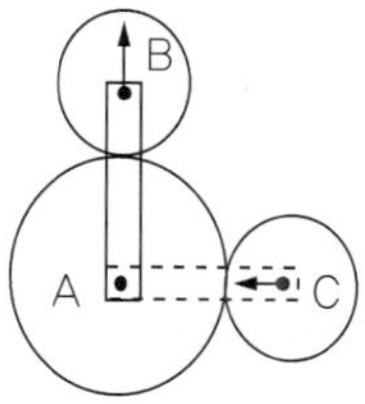

㉮ 왼쪽으로 18회전

㉯ 왼쪽으로 12회전

㉰ 오른쪽으로 18회전

㉱ 오른쪽으로 12회전

풀이 $\frac{B}{3} = \frac{120}{30}$, B= +12

정답 ㉱

08. 유성기어 장치를 2조로 사용하고 있는 자동변속기에서 선 기어 잇수 20, 링 기어 잇수 80일 때, 총 변속비는 ?(단, 제1유성기어 : 링기어 구동, 선기어 고정, 제2유성기어 : 링기어 고정, 선기어 구동)

㉮ 1.25　　㉯ 5

㉰ 6.25　　㉱ 16

풀이 (1) 제1유성기어 변속비

$$\text{변속비} = \frac{\text{선기어 잇수} + \text{링기어 잇수}}{\text{링기어 잇수}} = \frac{20+80}{80} = 1.25$$

(2) 제2유성기어 변속비

$$\text{변속비} = \frac{\text{선기어 잇수} + \text{링기어 잇수}}{\text{선기어 잇수}} = \frac{20+80}{20} = 5$$

총 변속비= 제1유성기어 변속비 + 제2유성기어 변속비

$$\therefore \left(\frac{20+80}{80}\right) + \left(\frac{20+80}{20}\right) = 6.25$$

정답 ㉰

09. 유성기어에서 링기어 잇수가 50, 선기어 잇수가 20, 유성기어 잇수가 10이다. 링기어를 고정하고 선기어를 구동하면 감속비는 얼마인가 ?

㉮ 0.14　　㉯ 1.4

㉰ 2.5　　㉱ 3.5

풀이 $\text{감속비} = \frac{20+50}{20} = 3.5$

정답 ㉱

10. 추진축의 외경 90[mm], 내경 80[mm], 길이가 1000[mm]인 경우 위험 회전수는 ? (단, 재질은 강관이다)

㉮ 1150[rpm] ㉯ 5732[rpm]

㉰ 14450[rpm] ㉱ 17149[rpm]

풀이 $Pc = 0.12\times10^9\times\frac{\sqrt{D^2+d^2}}{L^2} = 0.12\times10^9\times\frac{\sqrt{90^2+80^2}}{1000^2} = 14449.9$

정답 ㉰

11. 다음의 제원을 가진 추진축으로 구조를 변경하고자 한다. 추진축의 위험회전수는 ? (재질 및 형상 : 강관, 외경 : 80[mm], 내경 75[mm], 길이 : 1500[mm])

㉮ 4878[rpm] ㉯ 5848[rpm]

㉰ 6878[rpm] ㉱ 7878[rpm]

풀이 $P_N = 0.12\times10^9\times\frac{\sqrt{D^2+d^2}}{L^2} = 0.12\times10^9\times\frac{\sqrt{80^2+75^2}}{1500^2} = 5848[rpm]$

P_N : 추진축의 위험 회전수, D : 추진축 바깥지름, d : 추진축 안지름, L : 추진축의 길이

정답 ㉯

12. 자동차의 1단 감속비가 3.33 : 1이고, 뒤 차축 기어장치의 감속비가 4.11 : 1일 때 총 감속비는 얼마인가 ?

㉮ 16.39 : 1 ㉯ 7.44 : 1

㉰ 13.69 : 1 ㉱ 12 : 1

풀이 $R_t = r\times r_f = 3.33\times4.11 = 13.69$

R_t : 총 감속비율, r : 변속비율, r_f : 종감속 비율

정답 ㉰

13. 어떤 자동차가 60[km/h]의 속도로 평탄한 도로를 주행하고 있다. 이때 변속비가 3, 종 감속비가 2이고, 구동바퀴가 1회전하는데 2[m] 진행할 때, 3[km] 주행하는데 소요되는 시간은 ?

㉮ 1분 ㉯ 2분

㉰ 3분 ㉱ 4분

풀이 60[km/h]를 분속으로 환산하면 1[km/min]이므로 3[km]를 주행하는데 3분이 소요된다.

정답 ㉰

14. 충충량 7.5[ton]의 차량이 36[km/h]의 속도를 1/50 기울기의 언덕길을 올라갈 때 1초 동안 진행속도[m/s]는 얼마인가 ?

가 8　　나 10
다 12　　라 20

풀이 1초 동안 진행속도[m/s]= $\frac{36 \times 1000}{3600}$ = 10[m/s]

정답 나

15. 어느 승용자동차가 72[km/h]로 주행 중 144[km/h]로 증속하는데 4초 걸렸다. 평균 가속도는 ?

가 $2[m/s^2]$　　나 $3[m/s^2]$
다 $4[m/s^2]$　　라 $5[m/s^2]$

풀이 평균가속도= $\frac{(144-72) \times 1000}{3600 \times 4}$ = $5[m/s^2]$

정답 라

16. 자동차의 제원에 의하면 타이어의 유효반경이 36[cm]이었다. 타이어가 500[rpm]의 속도로 회전하고 있을 때 자동차의 속도는 ?

가 18.84[m/s]　　나 28.84[m/s]
다 38.84[m/s]　　라 10.84[m/s]

풀이 ① $3.14 \times 0.36 \times 2 \times 500 \times \frac{60}{1000}$ = 67.8[km/h]

② $\frac{67.8 \times 1000}{3600}$ = 18.84[m/s]

정답 가

17. 타이어의 반경이 65[cm]인 기관 회전속도가 2500[rpm]일 때 총 감속비가 6 : 1이면 이 자동차의 주행속도는 ?

가 약 102[km/h]　　나 약 105[km/h]
다 약 108[km/h]　　라 약 112[km/h]

풀이 $V = 3.14 \times 0.65 \times 2 \times \frac{2500}{6} \times \frac{60}{1000}$ = 102.05[km/h]

정답 가

18. 자동차의 변속기에 있어서 3속의 변속비 1.25 : 1이고, 종감속비가 4 : 1인 자동차의 엔진 [rpm]이 2700일 때 구동륜의 동하중 반경 30[cm]인 이 차의 차속은?

가 53[km/h]　　나 58[km/h]

다 61[km/h]　　라 65[km/h]

풀이 $V = \pi D \times \frac{N}{r \times r_f} \times \frac{60}{1000}$ [km/h] $= 3.14 \times 0.3 \times 2 \times \frac{2700}{1.25 \times 4} \times \frac{60}{1000}$ = 61[km/h]

V : 자동차의 주행속도[km/h], D : 바퀴의 지름[m], r : 변속비율, r_f : 종감속 비율

정답 다

19. 직경이 600[mm]인 차륜이 1500[rpm]으로 회전할 때 이 차륜의 원주속도는 얼마인가 ?

가 37.1[m/sec]　　나 47.1[m/sec]

다 57.1[m/sec]　　라 67.1[m/sec]

풀이 원주속도= $\pi DN = \frac{3.14 \times 0.6 \times 1500}{60}$ = 47.1[m/sec]　D : 바퀴의 지름, N : 바퀴의 회전속도

정답 나

20. 액슬축의 회전수가 900[rpm]이고, 바퀴의 유효 반지름이 300[mm]일 때 자동차의 시속은 ?

가 약 92[km/h]　　나 약 102[km/h]

다 약 112[km/h]　　라 약 122[km/h]

풀이 $V = \pi D \times \frac{E_N}{r \times r_f} \times \frac{60}{1000}$ $= 3.14 \times 0.3 \times 2 \times 900 \times \frac{60}{1000}$ = 102[km/h]

V : 자동차의 시속([km/h]), D : 타이어 지름([m]), E_N : 기관 회전수([rpm]), r : 변속비, r_f : 종감속비

정답 나

21. 저속기어의 총감속비가 25인 자동차가 엔진의 회전수 3,000[rpm], 토크가 28[kgf-m]에서 저속기어로 운전할 때 자동차 바퀴의 토크는 얼마인가 ?

가 700[kgf-m]　　나 800[kgf-m]

다 900[kgf-m]　　라 1,000[kgf-m]

풀이 바퀴의 토크= 총감속비×토크= 25×28[kg_f-m]= 700[kg_f-m]

정답 가

22. 어떤 기관의 해체정비를 완료하였다. 동력계에 설치하여 성능을 조사한 결과 변속기를 제2속에 넣고 운전하였을 때 추진축에 전달되는 토크가 60[kgf-m], 추진축의 회전수가 1000[rpm]이었다. 이 때 엔진의 회전수는 얼마인가 ?(단 변속기의 제2속 변속비는 1.5이다)

㉮ 100[rpm] ㉯ 1200[rpm]
㉰ 1500[rpm] ㉱ 1400[rpm]

풀이 $E_n = r \times P_n$= 1.5×1000[rpm]= 1500[rpm]
E_N : 엔진 회전수, r : 변속비
P_V : 추진축 회전수

정답 ㉰

23. 120[km/h] 의 속도로 주행 중인 자동차에서 총 감속비는 4.83, 구동륜 회전속도는 1031[rpm], 타이어의 동하중 원주는 1940[mm] 일 때 엔진의 회전속도는 ?(단, 슬립은 없는 것으로 본다)

㉮ 약 1237[rpm] ㉯ 약 1959[rpm]
㉰ 약 4980[rpm] ㉱ 약 2620[rpm]

풀이 엔진 회전속도= 총감속비×구동륜 회전수
E_N = 4.83×1031= 4989[rpm]

정답 ㉰

24. 엔진회전수가 2000[rpm]으로 주행 중인 자동차에서 수동변속기의 감속비가 0.8이고, 차동장치 구동피니언의 잇수가 6, 링 기어의 잇수가 30일 때, 왼쪽바퀴가 600[rpm]으로 회전한다면 오른쪽 바퀴의 회전속도는 ?

㉮ 400[rpm] ㉯ 600[rpm]
㉰ 1000[rpm] ㉱ 2000[rpm]

풀이 (1) $r_f = \frac{R_z}{P_z} = \frac{30}{6} = 5$

r_f : 종감속비, D_t : 링기어의 잇수, P_t : 구동 피니언의 잇수

(2) $T_{N1} = \frac{E_N}{r \times r_f} \times 2 - T_{N2} = \frac{2000}{0.8 \times 5}$×2-600= 400[rpm]

T_N : 바퀴 회전수, E_N : 엔진 회전수 r : 변속비, r_f : 종감속비

정답 ㉮

25. 타이어의 반경이 0.3[m]인 자동차가 회전수 800[rpm]으로 달릴 때 회전력이 15[m·kgf]이라면 이 자동차의 구동력은 얼마인가 ?

㉮ 45[kgf] ㉯ 50[kgf]
㉰ 60[kgf] ㉱ 70[kgf]

풀이 $F = \frac{T}{R} = \frac{15}{0.3} = 50[kgf]$

F : 구동력[kgf], T : 회전력[kgf-m], R : 타이어의 반경[m]

정답 ㉯

26. 어떤 기관의 축 출력은 5000[min^{-1}]에서 75[kW]이고, 구동륜에서 측정한 출력이 64[kW]이면 동력전달장치의 총 효율은 얼마인가 ?

㉮ 약 0.853[%] ㉯ 약 85.3[%]
㉰ 약 15[%] ㉱ 약 58.9[%]

풀이 $\eta_t = \frac{E_{kW}}{W_{kW}} \times 100 = \frac{64}{75} \times 100 = 85.3[\%]$

η_t : 동력전달장치의 총효율, E_{kW} : 기관의 축출력
W_{kW} : 구동륜에서 측정한 출력

정답 ㉯

27. 차량 총중량 4000[kgf]의 차량이 구배 6[%]의 자갈길을 30[km/h]의 속도로 올라갈 때(구름저항/구배저항)의 값은 얼마인가 ?(단, 구름저항 계수 : 0.04이다)

㉮ $\frac{1}{2}$ ㉯ $\frac{2}{3}$
㉰ $\frac{4}{3}$ ㉱ 2

풀이 구름저항/구배저항$= \frac{0.04}{0.06} = \frac{2}{3}$

정답 ㉯

28. 차량중량이 2[TON]인 자동차가 등판저항이 약 350[kgf]로 언덕길을 올라갈 때 언덕길의 구배는 얼마인가 ?

㉮ 10° ㉯ 11°
㉰ 12° ㉱ 13°

풀이 구배저항= 총중량×구배각도

구배각도= $\sin^{-1}(\frac{등판저항}{총중량}) = \sin^{-1}(\frac{350}{2000})$= 10.07

정답 가

29. 평탄한 도로를 90[km/h]로 달리는 승용차의 총 주행저항은 약 얼마인가 ?(단, 총중량 1145[kgf], 투영면적 1.6[m^2], 공기저항계수 0.03[$kgf/s^2/m^4$], 구름저항계수 0.015)

가 57.18[kgf]
나 47.18[kgf]
다 37.18[kgf]
라 67.18[kgf]

풀이 총 주행저항 = 주행저항 + 구배저항 + 공기저항

① 구름저항 = 구름저항계수×총중량= 0.015×1145[kgf]= 17.18[kgf]

② 공기저항 = 공기저항계수×투영면적×(초속)²= 0.03×1.6×$(\frac{90}{3.6})^2$= 30[kgf]

④ 총 주행저항 = 17.18[kgf] + 30[kgf]= 47.18[kgf]

정답 나

30. 무게 2[ton]인 화물차량이 20°경사 길을 올라갈 때의 전주행 저항은 ?(단, 구름저항계수 : 0.2)

가 약 560[kgf]
나 약 1084[kgf]
다 약 1560[kgf]
라 약 2025[kgf]

풀이 ① $R_r = \mu_r \times W$ = 0.2×2000[kgf]= 400[kgf]

R_r : 구름저항, μ_r : 구름저항 계수, W : 차량중량

② $R_g = W \times \sin\theta$= 2000×sin20°= 684[kgf]

Rg : 구배저항, W : 차량중량, $\sin\theta$: 구배

③ 전주행저항= $R_r + R_g$= 400[kgf] + 684[kgf]= 1084[kgf]

정답 나

31. 다음에서 공기 저항(R_a) 공식을 바르게 표시한 것은 ? (단, c : 차체형상 계수, ρ : 공기밀도, g : 중력 가속도, A : 자동차의 전면 투영면적, V: 자동차의 공기에 대한 상대속도)

㉮ $R_a = c\frac{\rho}{2g}AV^2$　　　㉯ $R_a = \frac{1}{c}\frac{\rho}{2g}AV^2$

㉰ $R_a = c\frac{\rho}{2g}\frac{A}{V^2}$　　　㉱ $R_a = c\frac{\rho}{2g}AV$

풀이 공기 저항(R_a) = $c\frac{\rho}{2g}AV^2$공식으로 나타낸다.

정답 ㉮

32. 고로 구배 30[%]인 경사로를 중량 1000[kg_f]인 자동차가 시속 72[km/h]의 속도로 내려오고 있다. 이 자동차의 공기저항은 얼마인가 ?(단, 이 자동차의 전면 투영명적은 1.8[m^2], 공기 저항계수는 0.025[kgf · s^2/m^4]이다)

㉮ 0.9[kgf]　　　㉯ 90[kgf]

㉰ 18[kgf]　　　㉱ 180[kgf]

풀이 Ra= $\mu_a AV^2$= 0.025×1.8× $\left(\frac{72\times1000}{60\times60}\right)^2$ = 18[kgf]

Ra : 공기저항,　　μ_a : 공기저항 계수
A : 전면 투영면적[m^2],　V_r : 주행속도[m/sec]

정답 ㉰

33. 차량 총중량이 3000[kgf]인 차량이 오르막길 구배 20°에서 80[km/h]로 정속 주행할 때 구름저항[kgf]은 ?(단, 구름 저항계수는 0.023이다)

㉮ 23.59　　　㉯ 64.84

㉰ 69.00　　　㉱ 25.12

풀이 Rr= μ_r×W×cosθ= 0.023×3000×cos20°= 64.84[kgf]

Rr : 구름저항[kgf],　μ_r : 구름 저항계수
W : 차량 총중량[kgf],　cosθ : 구배각도

정답 ㉯

34. 30°의 언덕길은 약 몇 %의 언덕길이라 하는가 ?

가 50[%]　　나 38[%]
다 58[%]　　라 88[%]

풀이 tan30° = 0.588 = 58[%]

정답 다

35. 기관의 최대 토크 15[m-kgf], 총감속비 28, 차량의 총중량 3500[kgf], 구동바퀴의 유효 회전반경 0.38[m], 동력전달효율 90[%]의 조건을 가진 자동차의 구배 능력은?

가 0.125　　나 0.269
다 0.469　　라 0.284

풀이 구배능력= $\frac{0.9 \times E_t \times R_t}{W \times R_r}$ - 0.015 = $\frac{0.9 \times 15 \times 28}{3500 \times 0.38}$ -0.015= 0.269

E_t : 기관 토크, R_t : 총 감속비율, W : 차량 총중량, R_r : 바퀴 유효 회전반경

정답 나

36. 조향핸들을 1바퀴 돌렸을 때 피트먼 암이 33°움직였다면 조향 기어비는 ?

가 10.9 : 1　　나 12.3 : 1
다 14.2 : 1　　라 16.5 : 1

풀이 조향기어비= $\frac{360}{33}$ = 10.9

정답 가

37. 사이드슬립을 시험한 결과 오른쪽 바퀴가 안쪽으로 6[mm], 왼쪽 바퀴는 바깥쪽으로 4[mm]움직일 때 전체 미끄짐 량은 ?

가 안쪽으로 1[mm]　　나 안쪽으로 2[mm]
다 바깥쪽으로 2[mm]　　라 바깥쪽으로 1[mm]

풀이 미끄럼량= $= \frac{좌우슬립차}{2} = \frac{6-4}{2}$ = 1

정답 가

38. 사이드슬립 테스터로, 노상에서 자동차를 시험하고자 한다. 왼쪽 바퀴가 안으로 6[mm], 오른쪽 바퀴가 안으로 8[mm]의 슬립이 생기면 전체 미끄럼의 값 및 방향은 ?

㉮ 14[mm]가 바깥쪽으로 미끄러진다.

㉯ 7[mm]가 바깥쪽으로 미끄러진다.

㉰ 7[mm]가 안쪽으로 미끄러진다.

㉱ 14[mm]가 안쪽으로 미끄러진다.

풀이 사이드 슬립량 = $\frac{8+6}{2}$ = 7[mm][IN]

정답 ㉰

39. 사이드슬립 테스터로 측정한 결과 왼쪽바퀴가 안쪽으로 6[mm]이고, 오른쪽바퀴가 바깥쪽으로 8[mm]이었을 때 15[km]를 직진상태로 주행하였다면 바퀴는 어느 쪽으로 얼마나 미끄러지는 가 ?

㉮ 안쪽으로 15m　　㉯ 바깥쪽으로 15m

㉰ 안쪽으로 30m　　㉱ 바깥쪽으로 30m

풀이 $\frac{6+(-8)}{2}$ = -1

따라서 전체 미끄럼 양은 바깥쪽으로 1[mm]이며, 15[km]를 직진으로 주행하면 바깥쪽으로 15[m] 미끄러진다.

정답 ㉯

40. 축거를 L[m], 최소 회전반경을 R[m], 킹핀과 바퀴 접지 면과의 거리를 T[m]라 할 때 조향각 α를 구하는 공식은 ?

㉮ $\sin\alpha = \frac{L}{R-T}$　　㉯ $\sin\alpha = \frac{L-T}{R}$

㉰ $\sin\alpha = \frac{T}{L}$　　㉱ $\sin\alpha = \frac{R}{T}$

풀이 R= $\frac{L}{\sin\alpha} + T$ 에서 $\sin\alpha = \frac{L}{R-T}$

정답 ㉮

41. 축거가 3[m], 바깥쪽 바퀴의 조향각 30°, 바퀴 접지면 중심과 킹핀과의 거리가 30[cm]인 자동차의 최소 회전반경은 ?

가 4.3[m]　　나 5.3[m]

다 6.3[m]　　라 7.3[m]

풀이 R= $\frac{L}{\sin\alpha}+r=\frac{3}{\sin30°}+0.3=6.3[m]$

R : 최소회전반경([m]),　　L : 축거([m])

sinα : 바깥쪽 바퀴의 조향각,　　r : 타이어중심거리와 킹핀 과의 거리([m])

정답 다

42. 자동차의 앞바퀴 윤거가 1500[mm], 축간거리가 3500[mm], 킹핀과 바퀴접지면의 중심거리가 100[mm]인 자동차가 우회전할 때, 왼쪽 앞바퀴의 조향각도가 32°이고, 오른쪽 앞바퀴의 조향각도가 40°라면 이 자동차의 선회 시 최소 회전반지름은?

가 6.7[m]　　나 7.2[m]

다 7.8[m]　　라 8.2[m]

풀이 $R=\frac{L}{\sin\alpha}+r=\frac{3.5m}{\sin20°}+0.1[m]=6.7[m]$

정답 가

43. 축간거리 2.5[m]인 차량을 우회전할 때 우측 바퀴의 조향각은 33°, 좌측바퀴의 조향각은 30°이라면 최소회전반경은 ?(단, 킹핀 옵셋은 무시한다)

가 4[m]　　나 5[m]

다 5.15[m]　　라 6[m]

풀이 R=$\frac{L}{\sin\alpha}$+r = $\frac{2.5}{\sin30°}$= 5[m]

정답 나

44. 축거가 4[m], 바깥쪽 바퀴의 최대 조향각 30°, 안쪽 바퀴의 최대 조향각 32°, 킹핀 중심과 바퀴 접지면 중심과의 거리는 50[mm]인 자동차의 최소 회전반경은?

가 7.54[m]　　나 8.05[m]

다 10.05[m]　　라 12.05[m]

풀이 $R = \frac{L}{\sin\alpha} + r = \frac{4}{\sin 30°} + 0.05 = 8.05[m]$

R : 최소 회전반경
L : 축거
$\sin\alpha$: 바깥쪽 바퀴의 조향각도
r : 바퀴접지 면 중심과 킹핀 중심과의 거리

정답 ㉯

45. 브레이크 페달의 지렛대 비가 그림과 같을 때 페달을 10[kg_f]의 힘으로 밟았다. 이 때 푸시로드에 작용하는 힘은 ?

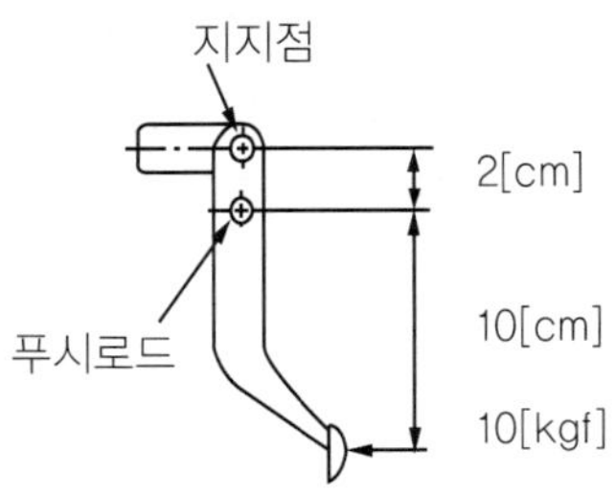

㉮ 20[kgf]　　㉯ 40[kgf]
㉰ 50[kgf]　　㉱ 60[kgf]

풀이 ① 지렛대 비 = (10 + 2) = 6 : 1
② 푸시로드에 작용하는 힘 : 페달 밟는 힘 × 지렛대 비 = 6 ×10[kgf] = 60[kgf]

정답 ㉱

46. 마스터실린더의 단면적이 10[cm^2]인 자동차의 브레이크에 20[N]의 힘으로 브레이크 페달을 밟았다. 휠 실린더의 단면적이 20[cm^2]라 하면 이 때의 휠 실린더에 작용되는 힘은 ?

㉮ 20[N]　　㉯ 30[N]
㉰ 40[N]　　㉱ 50[N]

풀이 $F = \frac{M_A}{W_A} \times P_F = \frac{20cm^2}{10cm^2} \times 20[N] = 40[N]$

F : 제동력, M_A : 마스터실린더 단면적, W_A : 휠 실린더 단면적, P_F : 브레이크 페달을 밟는 힘

정답 ㉰

47. 브레이크 마스터실린더의 직경이 5[cm], 푸시로드가 미는 힘이 100[kg_f]일 때 브레이크 파이프 내(內)의 압력은 ?

㉮ 0.19[kgf/cm^2]　　㉯ 25.47[kgf/cm^2]
㉰ 4.00[kgf/cm^2]　　㉱ 5.09[kgf/cm^2]

풀이 $P = \frac{F}{A} = \frac{100}{0.785 \times 5^2} = 5.09[kgf/cm^2]$

정답 ㉱

48. 그림과 같은 유압식 브레이크장치에서 페달의 지렛대비가 20 : 4이고, 페달의 답력(밟는 힘)이 20[N], 마스터실린더의 직경이 2[cm]라 할 경우 마스터실린더에 걸리는 압력은 얼마인가 ?

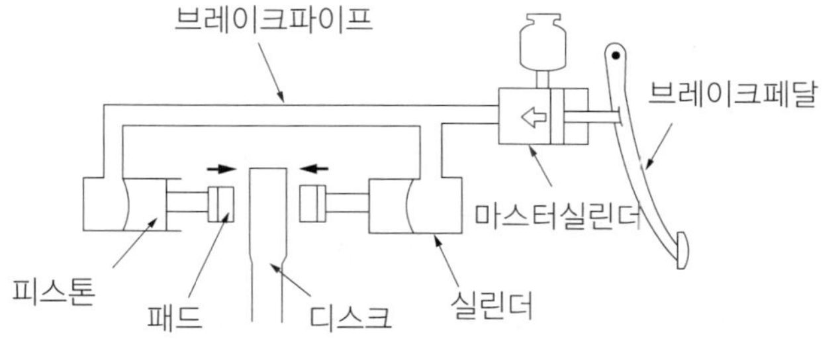

㉮ 1.3[kgf/cm^2]　　㉯ 2.3[kgf/cm^2]
㉰ 3.3[kgf/cm^2]　　㉱ 4.3[kgf/cm^2]

풀이 1N = 0.1[kgf].

$$P = \frac{S \times P_F}{A} = \frac{5 \times 20[N] \times 0.1}{0.785 \times 2^2} = 3.3[kgf/cm^2]$$

P : 마스터실린더에 걸리는 압력,　S : 지렛대 비,　P_F : 페달 밟는 힘

정답 ㉰

49. 제동력이 350[kgf]이다. 이 차량의 차량중량이 1000[kgf]이라면 제동 저항계수는 ?(단, 노면 마찰계수 등 기타 조건은 무시한다)

㉮ 0.25　　㉯ 0.35
㉰ 2.5　　㉱ 4.0

풀이 제동 저항계수 $= \frac{제동력}{차량중량} = \frac{350}{1000} = 0.35$

정답 ㉯

50. 브레이크 슈가 78[kg_f]의 힘으로 브레이크 드럼을 밀고 있다. 라이닝과 드럼 사이의 마찰계수가 0.32일 경우 브레이크 토크는 약 몇 [kgf-cm]인가 ? (단, 브레이크 드럼의 직경은 23[cm]이다)

㉮ 74 ㉯ 179

㉰ 249 ㉱ 287

풀이 $T_B = \mu Pr$ = 78[kgf]×0.32×11.5[cm]= 287[kgf-cm]

T_B : 브레이크 드럼에 작용하는 토크([m-kgf]), P : 브레이크 드럼에 작용하는 힘([kgf])
μ : 브레이크 슈의 마찰계수, r : 브레이크 드럼의 반경(m)

정답 ㉱

51. 총중량 1톤인 자동차가 72[km/h]로 주행할 때 브레이크를 걸어 정차시켰다. 주행 중 운동에너지가 모두 브레이크 드럼에 흡수되어 열로 되었다면 몇 [kcal]가 되겠는가 ?

㉮ 47.79 ㉯ 52.30

㉰ 54.68 ㉱ 60.25

풀이 ① 운동에너지(E)= $\frac{Gv^2}{2g} = \frac{1000 \times 20^2}{2 \times 9.8}$ = 20408[kg-m]

G : 차량 총중량, v : 주행속도([m/s]), g : 중력 가속도

② 1[kg-m= 1/427[kcal]이므로

$\frac{20408}{427}$ = 47.79[kcal]

정답 ㉮

52. 관성 제동장치의 제동력 측정 시 수정 제동거리의 계산식으로 적합한 것은 ? [단, L : 수정 제동거리[m], L's : 측정 제동거리[m], V : 지정 제동초속도[km/h], V' : 측정 제동초속도[km/h]]

㉮ L= L′s(V − V′)

㉯ L= L′s(V′/ V)^2

㉰ L= L′s(V / V′)^2

㉱ L= L′s(V − V′)^2

풀이 수정 제동거리의 계산식 L = L′s(V/V′)^2

정답 ㉰

53. 주행속도가 80[km/h]인 자동차의 브레이크를 작동시켰을 때 제동거리는 약 얼마인가 ?(단, 차륜과 도로 면의 마찰계수는 0.2)

㉮ 2[m]　　㉯ 5.7[m]

㉰ 55.6[m]　　㉱ 126[m]

풀이 ① 80[km/h] = $\frac{80}{3.6}$ = 22.2[m/s]

② L= $\frac{v^2}{2\mu g}$ = $\frac{22.2^2}{2\times0.2\times9.8}$ = 125.9[m]

정답 ㉱

54. 자동차의 제동 정지거리는 다음 중 어느 것인가 ?

㉮ 반응시간 + 답체시간 + 과도제동 +제동시간

㉯ 답체시간 + 답입시간 + 제동시간

㉰ 공주거리 + 제동거리

㉱ 답체시간 + 공주거리

풀이 자동차의 제동 정지거리는 공주거리 + 제동거리이다.

정답 ㉰

55. 차량중량 1000[kgf], 최고속도 140[km/h]의 자동차를 브레이크 시험한 결과 주제동력이 총 720[kgf]이었다. 이 자동차가 50[km/h]에서 급제동하였을 때, 정지거리는 몇 [m]인가 ?(단, 공주시간은 0.1초, 회전부분 상당중량은 차량중량의 5[%]이다)

㉮ 1.574　　㉯ 15.74

㉰ 7.87　　㉱ 78.7

풀이 정지거리= $\frac{V^2}{254}\times\frac{(W+W')}{F}+\frac{V}{36}$

$= \frac{50^2}{254}\times\frac{1000+(1000\times0.05)}{720}+\frac{50}{36}$ = 15.74[m]

V : 제동 초속도, W : 차량중량, W′ : 회전부분 상당중량, F: 제동력

정답 ㉯

56. 중량이 2400[kgf]인 화물자동차가 80[km/h]로 정속주행 중 제동을 하였더니 50[m]에서 정지하였다. 이때 제동력은 차량 중량의 몇 %인가 ?(단, 회전부분 상당중량 7[%])

㉮ 46 ㉯ 54

㉰ 62 ㉱ 71

풀이 ① $S=\dfrac{V^2}{254}\times\dfrac{W+W'}{F}$

$$F=\frac{V^2\times(W+W')}{254S}=\frac{80^2\times(2400+2400\times0.07)}{254\times50}=1294[\text{kgf}]$$

② $\dfrac{1294}{2400}\times100=54[\%]$

정답 ㉯

57. 차량중량이 2800[kgf]인 자동차를 제동초속도 50[km/h]에서 제동시험을 하였더니 19[m]에서 완전 정지하였다. 이 때 작용한 제동력은 얼마인가 ? (단, 회전부분의 상당중량은 무시한다)

㉮ 1260[kgf] ㉯ 1370[kgf]

㉰ 1450[kgf] ㉱ 1530[kgf]

풀이 $S=\dfrac{V^2}{254}\times\dfrac{W+W'}{F}$. $19=\dfrac{50^2}{254}\times\dfrac{2800}{F}$

$$\therefore F=9.8425\times\frac{2800}{19}=1450$$

정답 ㉰

58. 중량 1800[kgf]의 자동차가 120[km/h]의 속도로 주행 중 0.2분 후 30[km/h]로 감속하는데 필요한 감속력은 얼마인가 ?

㉮ 약 382[kgf] ㉯ 약 764[kgf]

㉰ 약 1775[kgf] ㉱ 약 4590[kgf]

풀이 $$F=\frac{W\times(V_2-V_1)}{t\times g}=\frac{1800\times(120-30)\times1000}{0.2\times60\times9.8\times3600}=382.6[\text{kgf}]$$

F : 감속력, W : 중량, V_1, V_2 : 주행속도

t : 시간, g : 중력 가속도[m/s^2]

정답 ㉮

59. 제동 초속도 70[km/h]인 소형 승용차에 제동을 걸기 위해 공주한 시간이 0.2초라면 공주거리는 ?

㉮ 2.7[m] ㉯ 3.0[m]

㉰ 3.2[m] ㉱ 3.9[m]

풀이 $L = \frac{V}{3.6} \times t = \frac{70}{3.6} \times 0.2 = 3.9[m]$

L : 공주거리[m], V : 제동초속도[km/h], t : 공주시간[sec]

정답 ㉱

60. 자동차의 제동시 감속도 α[m/s²], 초속도 V[m/s]가 작용할 때 제동거리에 대한 올바른 공식은 ?(단, W : 차량 총중량[kgf], F : 제동력[kgf]이다)

㉮ $\frac{V^2W}{3}$ ㉯ $\frac{V^2W}{2F}$

㉰ $\frac{2g}{V^2W}$ ㉱ $\frac{V^2W}{2gF}$

풀이 감속도 α([m/s²]) = $\frac{V^2W}{2gF}$

정답 ㉱

61. 자동차의 질량은 1500[kg], 1개의 차륜당 전륜 제동력은 3400[N], 후륜 제동력은 1100[N] 일 때 제동 감속도는 ?

㉮ 3[m/s²] ㉯ 4[m/s²]

㉰ 5[m/s²] ㉱ 6[m/s²]

풀이 $b = \frac{F}{m \cdot g} = \frac{(3400+1100)\times 2}{1500} = 6[m/s^2]$

b: 감속도([m/s²]), m : 질량([kg]), F : 제동력([kgf])

정답 ㉱

62. 사고 후에 측정한 제동궤적(skid mark)은 48[m]이였다. 브레이크시스템, 타이어 그리고 노면의 상태를 고려하여 추정할 경우, 사고 당시의 제동 감속도는 6[m/s²]이다. 이와 같은 조건으로부터 제동시 주행속도는 ?

㉮ 144[km/h] ㉯ 43.2[km/h]

㉰ 86.4[km/h] ㉱ 57.6[km/h]

풀이 $S= \dfrac{V^2}{2\times b\times 3.6^2}$ $48 = \dfrac{V^2}{2\times 3.6^2\times 6}$ 에서

$V= \sqrt{48 \times 2 \times 3.6^2 \times 6}$ = 86.4[km/h]

S : 제동궤적, V: 제동할 때의 주행속도, b : 감속도

정답 ㉰

63. 80[km/h]로 주행하던 자동차가 브레이크를 작용하기 시작해서 10초 후에 정지했다면 감속도는 ?

㉮ 3.6[m/s²] ㉯ 4.8[m/s²]

㉰ 2.2[m/s²] ㉱ 6.4[m/s²]

풀이 감속도(b)= $\dfrac{V}{t} = \dfrac{80\times 1000}{10\times 3600}$ = 2.2[m/sec²]

V : 주행속도, t : 소요기간

정답 ㉰

64. 대기압이 1035[hPa]일 때 진공 배력장치에서 진공 부스터의 유효압력차는 2.85[N/cm²], 다이어프램의 유효면적이 600[cm²]이면 진공 배력은 ?

㉮ 4500[N] ㉯ 1710[N]

㉰ 9000[N] ㉱ 2250[N]

풀이 Vp= Pd×A= 2.85×600= 1710[N]

Vp : 진공 배력

Pd : 진공 부스터의 유효압력 차이

A : 다이어프램의 유효면적

정답 ㉯

CHAPTER 기초 자동차 해석 | Fundamental Automotive Analysis

VI 자동차 검사

1 제동력

1.1. 주 제동장치의 제동능력 및 조작력 기준

구 분	제동력 기준
측정 자동차의 상태	공차 상태의 자동차에 운전자 1인이 승차한 상태
제동 능력	① 최고 속도가 80[km/h] 이상이고 차량 총중량이 차량 중량의 1.2 배 이하인 자동차의 각 축의 제동력의 합 : 차량 총중량의 50[%] 이상 ② 최고 속도가 80[km/h] 미만이고 차량 총중량이 차량 중량의 1.5 배 이하인 자동차의 각 축의 제동력의 합 : 차량 총중량의 40% 이상 ③ 기타의 자동차 •각 축의 제동력의 합 : 차량 중량의 50[%] 이상 •각 축중의 제동력 : 각 축중의 50[%] 이상(다만, 뒷축의 경우에는 당해 축중의 20[%] 이상)
좌 · 우 바퀴의 제동력의 차이	당해 축중의 8[%] 이하
제동력의 복원	브레이크 페달을 놓을 때에 제동력이 3 초 이내에 당해 축중의 20[%] 이하로 감소될 것.

1.2. 제동력 산출공식

•제동력의 총합= $\frac{\text{앞뒤,좌우바퀴의 제동력 합}}{\text{차량중량}}\times 100$ = 50[%] 이상 되어야 합격

•앞바퀴 제동력의 합 = $\frac{\text{앞 좌우바퀴의 제동력 합}}{\text{앞축중}}\times 100$ = 50[%] 이상 되어야 합격

•뒷바퀴 제동력의 합 = $\frac{\text{뒤 좌우바퀴 제동력 합}}{\text{뒤축중}}\times 100$ = 20[%] 이상 되어야 합격

•좌우 제동력의 편차 = $\frac{\text{큰쪽 제동력} - \text{작은쪽 제동력}}{\text{당해 축중}}\times 100$ = 8[%] 이하여야 합격

•주차 브레이크 제동력 = $\frac{\text{뒤 좌우바퀴의 제동력 합}}{\text{차량중량}}\times 100$ = 20[%] 이상 되어야 합격

예 제 [Example]

01. 아래 제원의 차량에 대해서 제동력을 시험한 결과 전우 80[kgf], 전좌 85[kgf], 후우 90[kgf], 후좌 75[kgf]이었다. 검사기준에 부적합한 것은?

[제원]

- 차량중량 705[kgf](앞축 380, 뒤축 325)
- 차량 총중량 880[kgf]
- 최고속도 120[km/h]
- 승차정원 5명

(1) 모든 축의 제동력 합　　(2) 후륜 제동력

(3) 전륜 제동력 좌우편차　　(4) 후륜 제동력 좌우편차

풀이 (1) 모든 축의 제동력 합(제동력의 총합은 50[%] 이상)

$$\frac{80+85+90+75}{380+325}\times 100 = 46.8[\%]$$

(2) 후륜 제동력(후륜 제동력 총합 20[%] 이상)

$$\frac{90+75}{325}\times 100 = 50.77[\%]$$

(3) 전륜 제동력 좌우편차(전륜 좌우 편차 8[%] 이하)

$$\frac{85-80}{380}\times 100 = 1.32[\%]$$

(4) 후륜 제동력 좌우편차(후륜 좌우 편차 8[%] 이하)

$$\frac{90-75}{325}\times 100 = 4.6[\%]$$

2 전조등의 하향 진폭

$$\text{하향 진폭} = \text{전조등의 설치높이} \times \frac{3}{10}$$

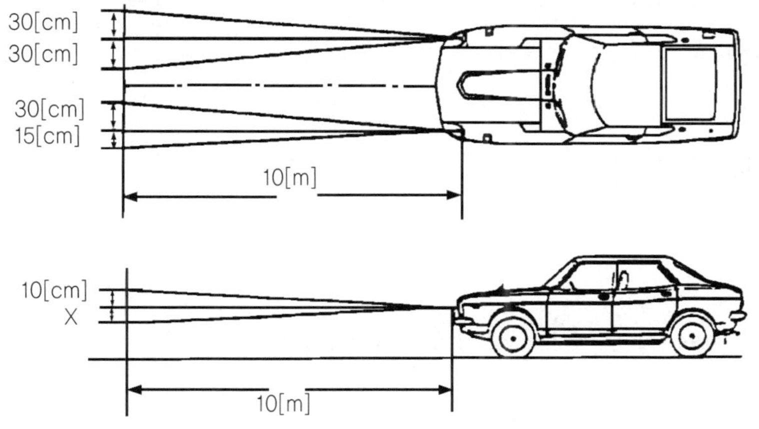

X ≦ 전조등 설치높이의 3/10

[전조등 좌우 · 상하 진폭]

✔예 제 [Example]

02. 전조등의 설치높이가 지상 1.2[m]일 때 전방 10[m] 위치에서 하향 진폭을 측정한 결과 25[cm]이였다. 얼마의 범위 내에 있으면 안전기준에 접합한지 여부의 계산과 판정하시오.

풀이 하향진폭= 전조등의 설치높이 $\times \frac{3}{10}$ 에서

$120[cm] \times \frac{3}{10} = 36[cm]$

전방 10[m] 거리에서 주광축의 하향 진폭은 30[cm] 이내이므로 적합하다.

3 자동차의 최대 적재량

3.1. 최대 적재량 산출조건

① 제 5 륜 하중의 산출은 최대 적재량의 산출에 준한다.

② 탱크로리 등의 자동차는 당해 자동차의 용기와 적재물의 비중을 고려하여 최대 적재량을 산출한다.

3.2. 최대 적재량 산출방법

[1] 덤프형 화물자동차

- 소형 자동차의 경우 : $\frac{\text{최대 적재량}}{V} \geq 1.3[ton/m^3]$

- 기타 자동차의 경우 : $\frac{\text{최대 적재량}}{V} \geq 1.5[ton/m^3]$

- $V[m^3] = A \times B \times C$

V : 하대 용적, A : 하대 길이
B : 하대 너비, C : 하대 높이

예 제 [Example]

03. 다음과 같은 제원을 가진 덤프트럭에서 최대적재량 적합한가의 판정하시오.

최대 적재량 6000[kgf], 하대길이 4830[mm], 하대높이 450[mm]
하대 폭 2220[mm], 승차인원 3명

풀이 덤프 트럭의 최대적재량 판정(기타 자동차의 경우)

$$\frac{\text{최대적재량}}{\text{하대길이} \times \text{하대폭} \times \text{하대높이}} \geq 1.5[ton/m^3]$$

$$= \frac{6000}{4.83 \times 0.45 \times 2.22} = 1243[kgf/m^2] = 1.24[t/m^3]$$

[2] 탱크로리 및 특수 구조 자동차(용적 산출)

(1) 원통 탱크의 용적

$$V = \frac{\pi d^2 \ell}{4}$$

V : 탱크의 용적, d : 탱크의 지름, L : 탱크의 길이

(2) 볼록탱크의 용적

$$V = \frac{\pi d^2}{4} \times \left(\ell + \frac{\ell_1 + \ell_2}{3}\right)$$

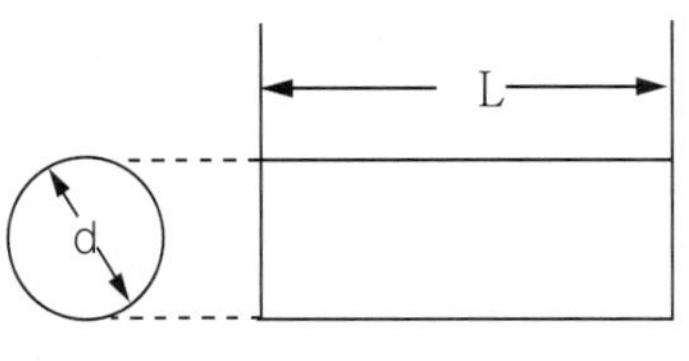

[원통탱크의 용적]

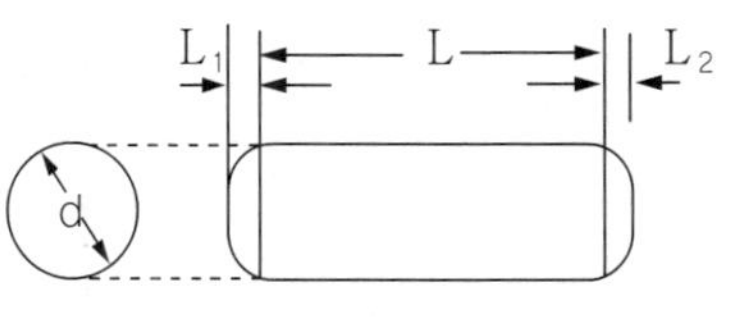

[볼록탱크의 용적]

(3) 타원형 탱크의 용적

$$V = \frac{\pi \times a \times b \times \ell}{4}$$

a : 탱크 타원의 지름, b : 탱크의 높이

(4) 타원형 볼록탱크의 용적

$$V = \frac{\pi \times a \times b}{4} \times \left(\ell + \frac{\ell_1 + \ell_2}{3}\right)$$

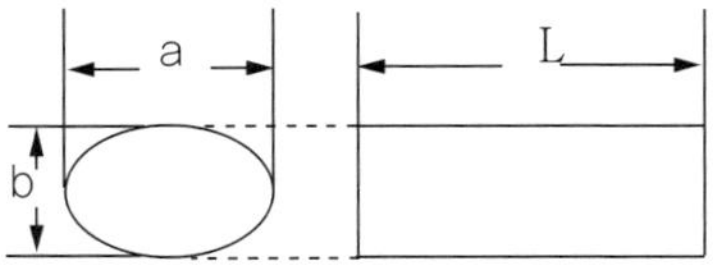

[타원형 탱크의 용적]

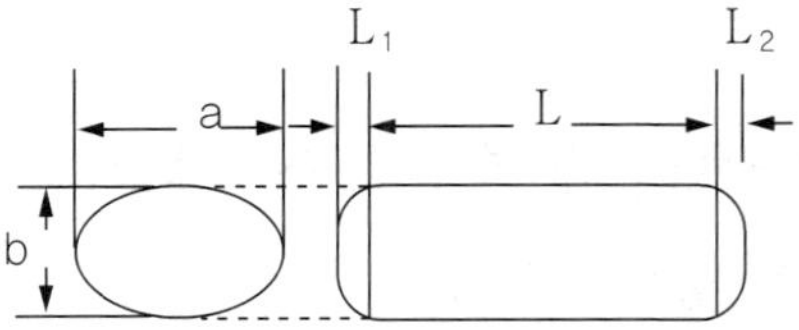

[타원형 볼록탱크의 용적]

예 제 [Example]

04. 탱크용적이 8000[L]인 콘크리트(비중 2.40) 운반차의 최대 적재량을 계산하시오.

풀이 Q= Vγ = 8000[L] × 2.4 = 19200[kgf]

Q : 최대 적재량 , V : 탱크의 용적(ℓ), γ : 비중

05. 다음 그림에서 d= 500[mm], ℓ= 1000[mm], ℓ_1= 12[mm], ℓ_2= 12[mm]인 탱크의 용량을 계산하시오.

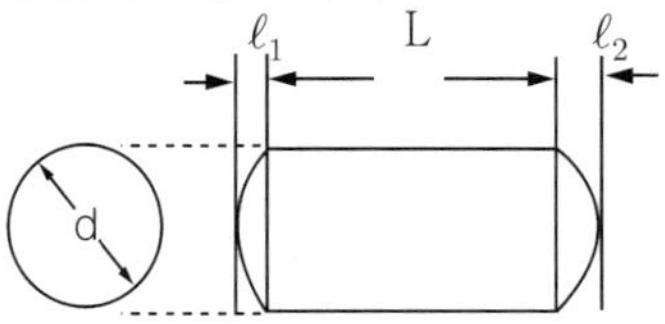

풀이 $V= 0.785 \times d^2 \times \left(\ell + \frac{\ell_1 + \ell_2}{3}\right) = 0.785 \times 50^2\left(100 + \frac{1.2+1.2}{3}\right)$

$= 197,820[cc]= 198[\ell\ ]$

3.3. 최대 적재량

$$최대\ 적재량 = \frac{L \times (W_r \times T_s - P_r - E_r)}{L - O_s}$$

- L : 축거
- W_r : 뒤 타이어에 부하할 수 있는 하중
- T_s : 뒤 타이어 개수
- P_r : 승차정원의 뒷바퀴 하중
- E_r : 공차상태에서의 뒷바퀴 하중
- O_s : 하대 오프셋

예 제 [Example]

06. 축거 4.1[m], 후륜 타이어에 부하 할 수 있는 하중 854[kgf](더블타이어), 승차정원의 후륜하중 5[kgf], 공차시 후륜하중 1740[kgf], 하대 오프셋이 0.20[m]인 자동차의 최대 적재량을 계산하시오.

풀이 $최대\ 적재량 = \frac{4.1 \times (854 \times 4 - 5 - 1740)}{4.1 - 0.2} = 1756.7[kgf]$

4 자동차 오버행 및 중량

4.1. 오버 행(over hang)

4.1.1. 차체 및 오버 행 측정방법

① 차체의 오버 행은 제일 앞의 차축의 중심에서 차체전단까지와 제일 뒷차축의 중심에서 차체후단까지의 거리를 측정한다.

② 차대의 오버 행은 제일 앞의 차축의 중심에서 차대전단까지와 제일 뒷차축의 중심에서 차대후단까지의 거리를 측정한다.

③ 차대의 오버 행 측정시 범퍼·후크·핀 등은 포함되지 않은 상태로 한다.

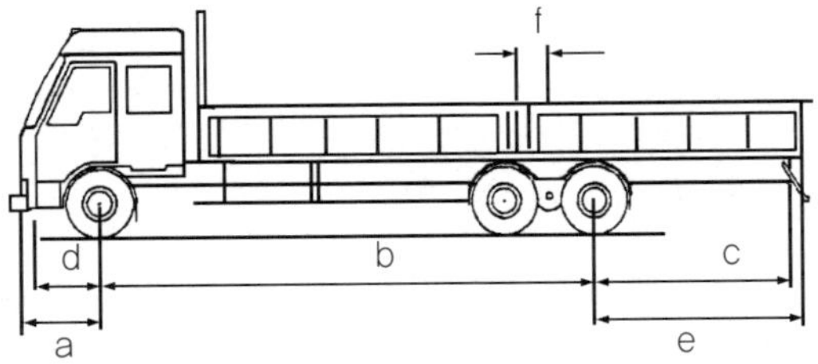

[자동차의 오버행]

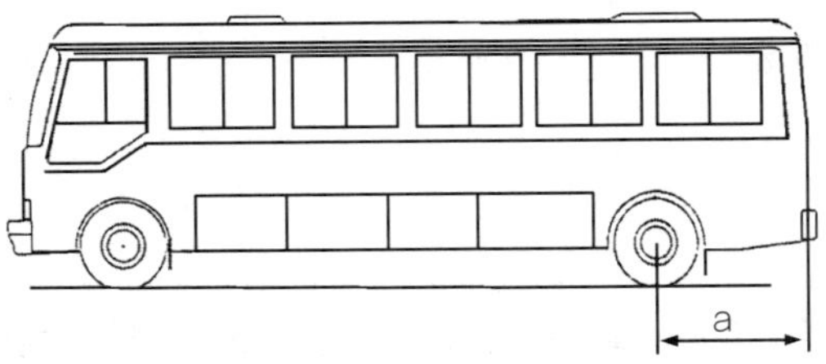

[범퍼, 후크, 핀 등은 포함되지 아니한 오버행]

4.1.2. 차체 오버행의 허용한도

[1] 소형자동차

C/L≦11/20

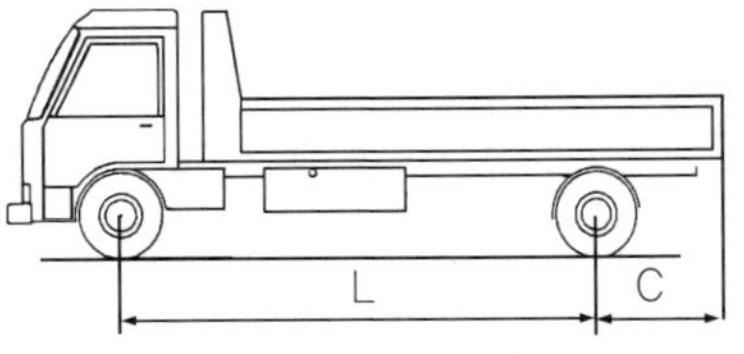

[소형 자동차의 오버행 허용한도]

[2] 밴형 화물자동차, 승합자동차 등 화물을 밖으로 적재할 우려가 없는 자동차

C/L ≦ 2/3

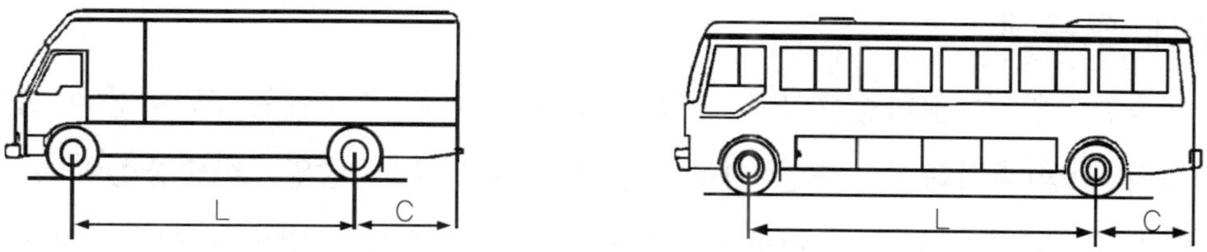

L : 축간거리,　C : 오버행

[밴형 화물자동차, 승합자동차 등 화물을 밖으로 적재할 우려가 없는 자동차의 오버행 허용한도]

[3] 기타의 자동차

$C/L \leqq 1/2$

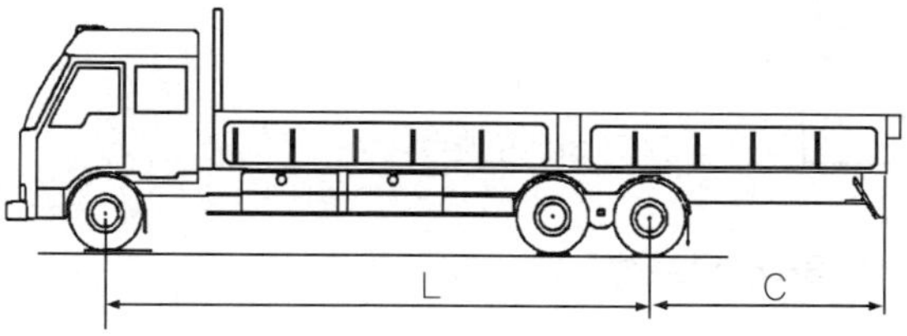

L : 축간거리(제1축간거리+제2축간거리)
C : 뒤 오버행

[기타의 자동차의 오버행 허용한도]

예 제 [Example]

07. 그림과 같은 차량에서 차대 및 차체 오버행을 계산하시오.

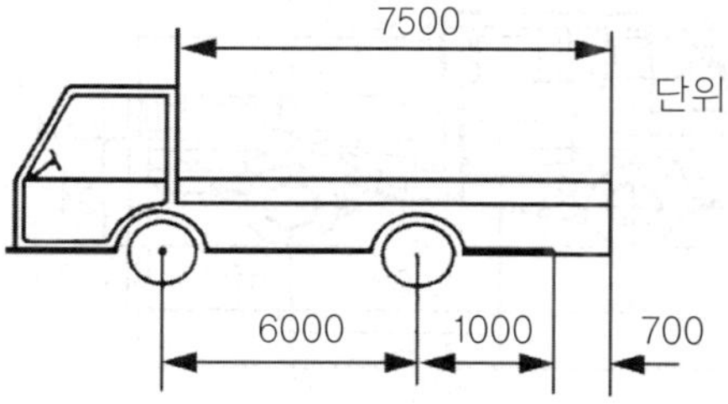

풀이 (1) 뒤 차대 오버행 : 제일 뒤차축의 중심에서 차대 후단까지의 거리

1000[mm]= 1.0[m]

(2) 뒤 차체 오버행 : 제일 뒤차축의 중심에서 차체 후단까지의 거리

1000[mm]+700[mm]= 1.7[m]

4.2. 하대 오프셋

하대 내측길이의 중심(하중중심이 중앙에 있지 아니한 경우에는 그 하중의 중심점)에서 후차축의 중심(후차축이 2축인 경우에는 전·후 차축의 중앙, 하중중심이 두 차축의 중앙에 있지 않은 경우에는 그 하중중심점)까지의 차량중심선 방향의 수평거리를 측정한다. 다만, 탱크로리 등의 형상이 복잡한 경우에는 용적중심을, 견인자동차의 경우에는 연결부분(제5륜)의 중심을 하대 바닥 면의 중심으로 한다.

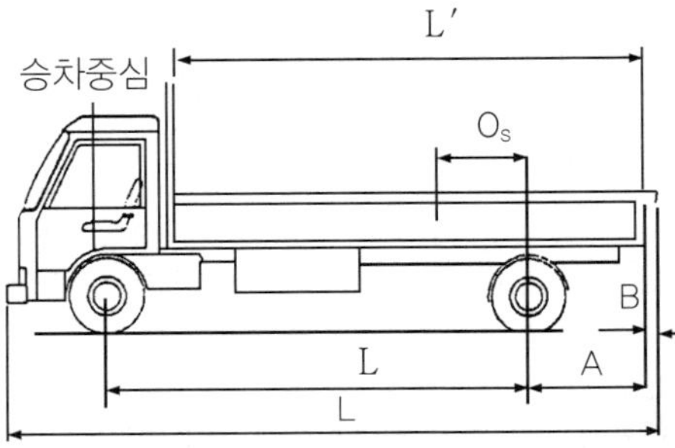

A : 뒤 차축 중심에서 차체 최후단까지의 거리
B : 하대 내측의 뒤끝에서 차체 최후단까지의 거리
L : 차량의 전체길이
L : 하대 객실 내측길이
L′: 축간거리

$O_s = \frac{\ell'}{2} - (A-B)$

O_s : 하대오프셋

[자동차의 하대 오프셋]

예 제 [Example]

08. 다음 그림과 같은 더블 캡 오버 타입 화물자동차의 제원을 기초로 하여 하대 오프셋을 계산하시오. (더블 캡 오버타입 화물자동차)

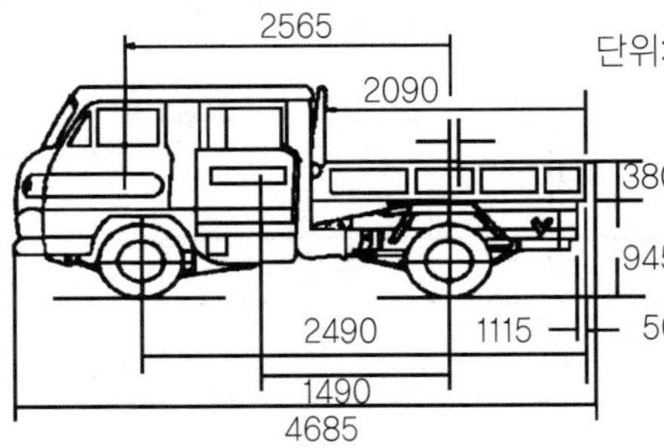

풀이 $OS = \frac{\text{하대 내측의 길이}}{2} - (A-B) = \frac{2090}{2} - (1115-50) = -20$

4.3. 차량 총중량

차량 총중량= 승차정원 + 공차상태의 전후 축중 + 최대 적재량

4.4. 적재 중량

적재중량= 차량 총중량 - 차량중량 - 승차정원 중량

예 제 [Example]

09. 차량중량 1000[kgf], 차량 총중량 1610[kgf]인 자동차의 승차정원이 2 인이라고 한다면 이 차의 적재 중량을 계산하시오.

풀이 적재중량 = 차량 총중량 - 차량중량 - 승차정원 중량

= 1610[kgf]-1000[kgf]-(65×2)= 480[kgf]

5 타이어 부하율

타이어 부하율은 다음 공식에 의한다. 이 경우 타이어의 허용하중은 타이어 제작자가 표시한 최대 허용하중(최대 허용하중이 표시되지 아니한 경우에는 당해 타이어 제작국가의 공업규격에서 정한 최대 허용하중을 말한다)으로 한다.

타이어 부하율%

$$= \frac{\text{적차(또는 공차)시 전(또는후)륜의 분담하중}}{\text{전(또는 후)륜의 타이어 허용하중} \times \text{전(또는 후)타이어의 개수}} \times 100$$

예 제 [Example]

10. 다음 제원을 가진 자동차의 적차시 타이어 부하율을 계산하시오.

승차정원 3명, 최대적재량 1500[kgf], 공차시 전축중 1160[kgf]
후축중 850[kgf], 축간거리 2460[mm], 하대옵셋 120[mm]
타이어 허용하중이 1395[kgf]
(단, 승차좌석은 전축위에 설치, 전후륜 단륜임)

풀이 (1) 적차 상태에서의 차량 총중량

1160+850+1500+(65×3) = 3705[kgf]

(2) 적차 상태에서의 전륜 하중

$$1160+\frac{1500\times 120+(65\times 3)\times 2460}{2460}=1428[kgf]$$

(3) 적차 상태에서의 후륜 하중

$$3705-1428=2277[kgf]$$

(4) 전륜 부하율 $=\frac{1428}{1395\times 2}\times 100=51.2[\%]$

(5) 후륜 부하율 $=\frac{2277}{1395\times 2}\times 100=81.6[\%]$

5.1. 조향륜 하중분포

5.1.1. 공차상태 조향륜의 하중분포

공차상태에서의 조향륜의 하중분포는 다음 공식에 의한다.

$$\text{공차상태 조향륜의 하중분포}(\%)=\frac{\text{공차시 조향륜의 윤중의합}}{\text{차량중량}}\times 100$$

5.1.2. 적차상태 조향륜의 하중분포

적차상태에서의 조향륜의 하중분포는 다음 공식에 의한다.

$$\text{적차상태 조향륜의 하중분포}\%=\frac{\text{적차시 조향륜의 윤중의합}}{\text{차량총중량}}\times 100$$

예 제 [Example]

11. 다음 자동차는 제작일 2001년 3월25일, 승차정원 3명, 최대적재량 1톤, 공차시 전축중 850[kgf], 공차시 후축중 730[kgf]일 때 적차시 전륜하중 비율을 계산하고 판정 결과를 구하시오.

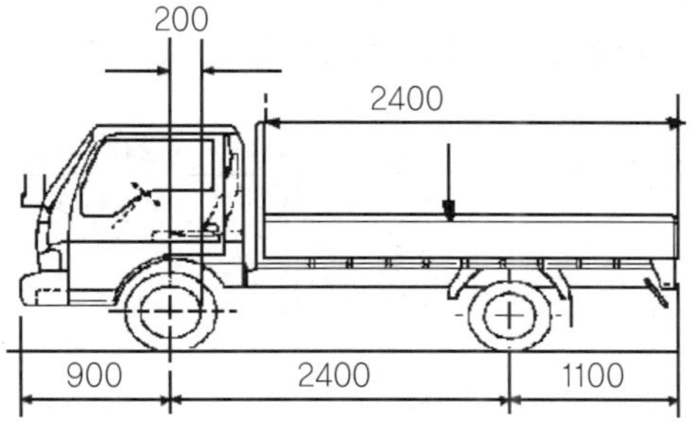

풀이 ① 승차인원 중심 : 2400[mm] − 200[mm] = 2200[mm]

② 하대 오프셋 = $\frac{2400[mm]}{2}$ − 1100[mm] = 100[mm]

③ 적차 상태에서의 전륜하중 : $850 + \frac{1000 \times 100 + (65 \times 3) \times 2200}{2400}$

= 1070[kgf]

④ 적차 상태에서의 차량 총중량

= 850 + 730 + 1000 + (65×3) = 2775[kgf]

⑤ 전륜 하중 비율 = $\frac{\text{적차상태에서의 전륜하중}}{\text{적차상태에서의 차량총중량}} \times 100$

$= \frac{1070}{2775} \times 100 = 38.6[\%]$

6 무게 중심높이

$$H = R + \frac{L \times W_r \times \sqrt{L^2 - h^2}}{W \times h}$$

H : 차량의 무게 중심높이, R : 타이어 유효 반지름
L : 축거, W_r : 후축중 증가량
h : 들어올린 높이, W : 차량 중량

예 제 [Example]

12. 다음과 같은 제원의 자동차가 전륜을 0.5[m] 들어 올리면 후축중은 35[kgf]이 증가한다. 이 자동차의 중심 높이를 계산하시오.

공차 상태의 전축중 615[kgf], 공차상태의 후축중 515[kgf]
축간거리 2.6[m], 타이어 유효반경 0.36[m]

풀이 자동차의 중심높이 $= 0.36 + \frac{2.6 \times 35 \times \sqrt{2.6^2 - 0.5^2}}{(615+515) \times 0.5} = 0.77[m]$

7 최대 안전 경사각도

자동차의 무게중심, 높이 및 안정 폭에서 다음의 각 공식에 의해 좌측 및 우측의 최대 안전 경사각도를 구한다.

- 오른쪽 : $\beta = \tan^{-1}\frac{B_r}{H}$
- 왼쪽 : $\beta = \tan^{-1}\frac{B_\ell}{H}$

β : 최대 안전 경사각도(°), H : 무게 중심높이
B_r : 우측 안정폭, B_L: : 좌측 안정폭

예 제 [Example]

13. 우측 안전 폭 0.672[m], 좌측 안전 폭 0.672[m]인 일반형 화물자동차의 무게 중심고가 0.978[m]일 때 좌측 최대 안전경사각도 및 안전기준에 따른 판정을 하시오.

풀이 ① 오른쪽 : $\beta = \tan^{-1}\frac{Br}{H} = \tan^{-1} \times \frac{0.672}{0.978} = 34.45°$

② 왼쪽 : $\beta = \tan^{-1}\frac{B_\ell}{H} = \tan^{-1} \times \frac{0.672}{0.978} = 34.45°$

③ 공차 상태의 자동차는 좌우 각각 35° 기울인 상태에서 전복되지 않아야 한다.

8 시험장비

8.1. 차량속도계 적부판정

시험기 기준값에 대하여 차량 속도계에 나타난 값이 정(+)으로 25[%] 이내 부(-)로 10[%] 이내에 있으면 차량 속도계는 양호한 것으로 판단한다.

① 시험기의 속도가 40[km/h]일 때 차량 속도계의 속도가 36~50[km/h] 범위 내를 나타내면 차량속도계는 양호한 것으로 판단한다.

시험기준 : 09×40 ≦ V(측정 속도) ≦ 1.25×50

∴ 36≦V≦50[km/h]

② 차량 속도계의 속도가 40[km/h]일 때 시험기에서의 속도가 32~44.4[km/h] 범위 내를 나타내면 차량속도계는 양호한 것으로 판단한다.

차량기준 : $\frac{40}{1.25} \leq$ V(측정 속도) $\leq \frac{40}{0.9}$

∴ 32≦V≦44.4[km/h]

예 제 [Example]

14. 속도계 시험기의 속도가 40[km/h]일 때 측정 자동차 속도계의 합격 범위은 얼마인가 ?

풀이 속도계 오차는 정 25[%], 부 10[%] 이내이여야 하므로 측정 자동차 속도계의 합격범위는 40×0.9~40×I.15= 36~46[km/h]이다.

8.2. 매연측정기 값의 산출

3회 연속 측정한 매연농도를 산술 평균하여 소수점 이하는 반올림한 값을 측정값으로 한다. 이때 3회 측정한 매연농도의 최대값과 최소값의 차이가 5[%]를 초과하는 경우에는 2회를 다시 측정하여 총 5회 중 최대값과 최소값을 제외한 나머지 3회의 측정값을 산술 평균한 값을 최종 측정값으로 한다.

8.3. 사이드슬립 테스터(side slip tester)

사이드슬립이란 휠 얼라인먼트의 불균형으로 인하여 주행 중 타이어가 옆 방향으로 미끄러지는 현상을 말하며, 토인(toe-in)과 타아웃(toe-out)으로 표시된다.

사이드슬립량은 [mm]로 나타내는 것이 일반적이나 이것은 1[m]의 답판을 진행할 때의 사이드슬립량을 표시하는 것이므로 단위는 [mm/m]이다. 측정시 조향바퀴의 사이드슬립이 1[m] 주행에 좌우방향으로 각각 5[mm] 이내이어야 한다.

8.4. 경음기 시험기 측정값 산출법

자동차로 인한 소음 크기의 측정은 자동차 기록장치를 사용하여 기록하는 것을 원칙으로 하고 측정항목 별로 2회 이상 실시하여야 하며, 각 측정값의 차이가 2[dB]을 초과할 때에는 각각의 측정값은 무효로 한다.

자동차로 인한 소음과 암소음의 측정값의 차이가 3[dB] 이상 10[dB] 미만인 경우에는 자동차로 인한 소음의 측정값으로부터 아래 표의 보정값을 뺀 값을 최종 측정값으로 하고, 차이가 3[dB] 미만일 경우에는 측정값을 무효로 한다.

자동차 소음과 암소음의 측정값 차이	3	4~5	6~9
보정값	3	2	1

Chapter Ⅵ 실력평가

01. 차량중량 1860(전 960, 후 900)[kgf], 승차정원 5명, 최고속도 160[km/h]인 승용차의 제동력 검사결과 제동능력의 적합 여부의 판정으로 맞는 것은 ? (단, 제동력은 전륜 : 좌 315[kgf], 후 280[kgf], 후륜 좌 : 295[kgf], 우 : 215[kgf])

㉮ 59.40[%] 〉 50[%]이므로 적합
㉯ 50.57[%] 〉 50[%]이므로 적합
㉰ 59.40[%] 〉 50[%]이므로 적합
㉱ 197.7[%] 〉 50[%]이므로 적합

풀이 최고속도가 80[km/h] 이상이고, 차량 총중량이 차량중량의 1.2배 이하인 자동차의 각축의 제동력 합: 차량 총중량의 50[%] 이상이어야 하므로

$$\frac{315+280+295+215}{1860+(65\times5)}\times100 = 50.57[\%]$$

정답 ㉯

02. 자동차의 제동력 시험결과 다음과 같다. 자동차안전기준에 관한 규칙에 적합한 것은?

- 차량중량 : 900[kgf](앞 495[kgf], 뒤 405[kgf])
- 승차정원 : 5명
- 최고속도 : 120[km/h]
- 주차제동력 : 150[kgf]

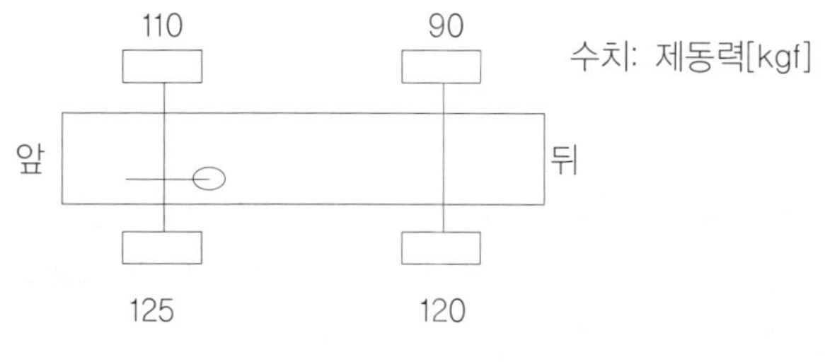

㉮ 제동력 총화와 후륜 제동력
㉯ 전·후륜 제동력
㉰ 전륜 좌우편차와 후륜 제동력
㉱ 주차 브레이크와 전륜 제동력 편차

풀이 ① 제동력의 총화 50[%] 이상 : $\frac{110+90+125+120}{900}$×100 = 49.4[%](불합격)

② 전륜(앞바퀴) 제동력 총화 50[%] 이상 : $\frac{110+125}{495}$×100= 47.5 [%](불합격)

③ 후륜(뒷바퀴) 제동력 총화 20[%] 이상 : $\frac{120+90}{405}$×100= 52[%](합격)

④ 전륜(앞바퀴) 좌우 편차 8[%] 이하 : $\frac{125-110}{495}$×100= 3[%](합격)

⑤ 주차 브레이크 20[%] 이상 : $\frac{120+90}{900}$×100= 23[%](합격)

정답 다

03. 아래 제원을 가진 자동차의 제동능력을 바르게 계산 판정한 것은 ?

•최고속도 : 120[km/h]	•전축중 : 620[kgf]
•전축의 제동력의 합 : 390[kgf]	•후축중 : 550[kgf]
•후축의 제동력의 합 : 350[kgf]	•승차정원 : 4명
•주차제동력 : 250[kgf]	

가 총합 52[%] 부적합, 주차 21[%] 적합

나 총합 53[%] 적합, 주차 18[%] 부적합

다 총합 63[%] 적합, 주차 21[%] 적합

라 총합 53[%] 적합, 주차 21[%] 적합

풀이 ① 제동력의 총화(총합)

50[%] 이상 합격 = $\frac{390+350}{620+550}$× 100 = 63.24[%](합격)

② 주차 브레이크

20[%] 이상 합격 = $\frac{250}{620+550}$×100 = 21.36 [%](합격)

정답 다

04. 최고속도 80[km/h], 차량 총중량 2185[kgf]이고, 공차시 전축중 380[kgf], 후축중 1480[kgf], 전(前) 제동력 230[kgf], 후(後) 제동력 890[kgf]일 때, 운행자동차의 제동력 합에 대한 적합 여부 판정으로 옳은 것은 ?

가 40[%] 이하이므로 적합　　나 50[%] 이상이므로 적합

다 50[%] 이하이므로 적합　　라 60[%] 이상이므로 부적합

풀이 ① 최고속도가 80[km/h] 이상이고 차량 총중량이 차량 중량의 1.2배 이하인 자동차의 각 축의 제동력의 합은 50[%] 이상 되어야 한다.

$$\frac{차량총중량}{차량중량} = \frac{2185}{380+1480} = 1.17$$

② 앞차축 제동력 : $\frac{230}{380}\times100 = 60.5[\%]$. ③ 뒷차축 제동력 : $\frac{890}{1480}\times100 = 60[\%]$

정답 ㉯

05. 최고속도가 180[km/h]인 승용자동차의 차량 총중량이 1340[kgf]이고, 차량 중량이 1065[kgf], 전축중이 635[kgf]일 때, 모든 축의 제동력의 합과 뒷축 제동력은 얼마 이상이어야 하는가 ?

㉮ 모든 축의 제동력의 합 : 532.5[kgf] 이상, 뒷축 제동력 : 86[kgf] 이상

㉯ 모든 축의 제동력의 합 : 532.5[kgf] 이상, 뒷축 제동력 : 213[kgf] 이상

㉰ 모든 축의 제동력의 합 : 670[kgf] 이상, 뒷축 제동력 : 86[kgf] 이상

㉱ 모든 축의 제동력의 합 : 670[kgf] 이상, 뒷축 제동력 : 213[kgf] 이상

풀이 기타 자동차는 각축 제동력의 합이 차량중량의 50[%] 이상이어 하므로

① 모든 축의 제동력 : 1065[kgf] × 0.5 = 532.5[kgf]

② 뒷축의 제동력 : (1065 - 635)[kgf]×0.2= 86[kgf]

정답 ㉮

06. 최고속도가 85[km/h], 차량총중량 10000[kgf], 차량중량이 5000[kgf]인 자동차의 경우 안전기준 상 각 축의 제동력의 합은 몇 [kgf] 이상이어야 하는가 ?

㉮ 2000 ㉯ 2500

㉰ 3000 ㉱ 5000

풀이 기타 자동차는 각축 제동력의 합이 차량중량의 50[%] 이상이어야 하므로

5000[kgf] × 0.5 = 2500[kgf]

정답 ㉯

07. 축중 2800[kgf]인 차량의 제동력이 우측 1110[kgf], 좌측 850[kgf]이었다. 이 차량의 좌・우 바퀴의 제동력 차이는 몇 [%]이며, 검사기준상 적합 여부를 바르게 나타낸 것은 ?

㉮ 9.29[%] (적합) ㉯ 9.29[%] (부적합)

㉰ 7.28[%] (부적합) ㉱ 7.28[%] (적합)

풀이 제동력 차이 = $\frac{\text{큰쪽 제동력} - \text{작은쪽 제동}}{\text{축중}}$ ×100이 8[%] 이하일 것

$\frac{1110-850}{2800}$ × 100= 9.29[%]

∴ 제동력 차이가 8[%] 이상이므로 부적합

정답 나

08. 자동차 검사시 최고속도가 180[km/h], 차량총중량이 차량중량의 1.3배, 뒷축의 축중이 3,000[kgf]인 자동차의 뒷축 제동력은 몇 [kgf] 이상이어야 하는가 ?

가 1500　　나 600

다 700　　라 800

풀이 뒷축의 제동력은 당해 축중의 20[%] 이상이어야 하므로 3000[kgf] × 0.2= 600[kgf]

정답 나

09. 자동차 전조등의 등화중심점이 지상 1120[mm] 높이로 취부되어 있다. 전조등 주광축의 하향진폭은 전방 10[m]에서 얼마 이내로 조정되어야 하는가 ?

가 0.200[m]　　나 0.312[m]

다 0.336[m]　　라 0.348[m]

풀이 하향진폭= $\frac{1.12 \times 3}{10}$ = 0.336m

정답 다

10. 자동차의 방향지시기가 13초 동안에 15회 점멸하였다면 분당 점멸 회수는 약 얼마인가 ?

가 약 16회　　나 약 52회

다 약 56회　　라 약 69회

풀이 13초 동안에 15회 점멸하였으므로 1분(60초)동안 점멸 횟수는 회수는 $\frac{60 \times 15}{13}$ = 69회

정답 라

11. 속도계 검사를 하였는데, 피측정 차량의 속도계가 40[km/h]를 지침하고 있다고 신고 버튼을 눌렀을 때 시험기의 지침이 48[km/h]를 지시하고 있었다. 적합 여부는?

㉮ 34.8[km/h] 이상이므로 적합
㉯ 44.4[km/h] 이상이므로 부적합
㉰ 44.4[km/h] 이상이므로 적합
㉱ 34.8[km/h] 이상이므로 부적합

풀이 속도계는 평탄한 수평노면에서의 속도가 40[km/h]인 경우 그 지시 오차가 정 25[%], 부 10[%] 이하여야 하므로 $\frac{40}{1.15} \sim \frac{40}{0.9}$ = 34.78~44.4[km/h]여야 하는데 44.4[km/h] 이상이므로 부적합하다.

정답 ㉯

12. 속도계 시험기의 속도가 40[km/h]일 때 측정 자동차 속도계의 합격범위로 적합한 것은 ?

㉮ 34.78~44.44[km/h]
㉯ 30~55[km/h]
㉰ 36~50[km/h]
㉱ 32.7~42.78[km/h]

풀이 속도계 오차는 정 25[%], 부 10[%] 이내여야 하므로 측정 자동차 속도계의 합격범위는 40×0.9~40×1.25 = 36~ 50[km/h]이다.

정답 ㉰

13. 자동차의 속도계를 50[km/h]로 유지하고 100[m]의 구간을 통과하는데 8초가 걸렸다. 자동차의 차속과 속도계 편차의 판정이 바른 것은 ?

㉮ 40[km/h](부적합)
㉯ 45[km/h](적합)
㉰ 52[km/h](부적합)
㉱ 55[km/h](부적합)

풀이 100[m]의 구간을 통과하는데 8초가 걸렸을 때 이것을 시속으로 환산하면
100[m] = 0.1[km]

8초 = 8/3600시간 = $\frac{0.1}{\frac{8}{3600}}$ = 45[km/h]

정답 ㉯

14. 자동차의 속도계를 50[km/h]로 유지하고 100[m]의 구간을 통과하는데 8초가 걸렸다. 자동차의 차속과 속도계 편차의 판정이 바른 것은 ?

가 40[km/h](부적합) 나 45[km/h](적합)

다 52[km/h](부적합) 라 55[km/h](부적합)

풀이 100[m]의 구간을 통과하는데 8초가 걸렸을 때 이것을 시속으로 환산하면

100[m] = 0.1[km]

8초 = 8/3600시간 = $\frac{0.1}{\frac{8}{3600}}$ = 45[km/h]

정답 나

15. 좌석의 크기가 가로 2800[mm], 세로 450[mm]인 승합차 좌석의 승차정원은 ?

가 5명 나 6명

다 7명 라 9명

풀이 승객좌석의 규격은 가로, 세로 각각 40[cm] 이상이므로 $\frac{2.8 \times 0.45}{0.16}$ = 7.875

따라서 승차정원은 7명이다.

정답 다

16. 골재운반용으로 최대적재량이 9000[kgf]인 덤프트럭을 사용하려면 하대용적은 얼마가 되어야 하는가 ?

가 4[m^3] 나 6[m^3]

다 8[m^3] 라 10[m^3]

풀이 자동차의 최대 적재량

① 소형의 경우= $\frac{\text{최대 적재량}}{V}$ ≥ 1.3[톤/m^3]

② 기타 자동차의 경우= $\frac{\text{최대 적재량}}{V}$ ≥ 1.5[톤/m^3], V : 하대용적

∴ V= $\frac{9}{1.5}$ = 6[m^3]

정답 나

17. 콘크리트믹서에서 드럼의 최대용량이 3,000[L]일 때 적재물품의 최대적재량은 ?
(단, 콘크리트의 비중은 2.40이고, 적재시 최대용적은 약 90~100[%]가 된다)

㉮ 4,200~4,900[kgf]

㉯ 4,900~5,600[kgf]

㉰ 5,600~6,480[kgf]

㉱ 6,480~7,200[kgf]

풀이 ① 최대 적재량 = 체적×비중 = 3000ℓ×2.40 = 7200[kgf]
② 최대 용적 90[%]일 경우에는 7200[kgf] × 0.9 = 6,480[kgf]이다

정답 ㉱

18. 그림과 같은 형터의 탱크로리 용적의 산출 계산식으로 옳은 것은 ?

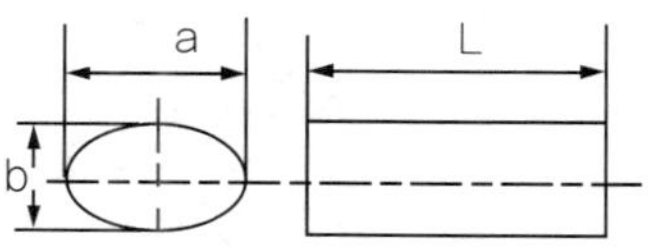

㉮ 용적 $V = \frac{\pi \cdot a^2}{4}$

㉯ 용적 $V = \frac{\pi \cdot a^2}{4} \cdot a \cdot b$

㉰ 용적 $V = \frac{\pi \cdot a \cdot b}{4} \cdot L$

㉱ 용적 $V = \frac{\pi \cdot a \cdot b}{4} \cdot \left(L + \frac{L_1 + L_2}{4}\right)$

정답 ㉰

19. 그림과 같은 탱크에 가솔린(비중 0.75)을 최대로 적재할 수 있는 양은 ? (단, 공간 용적은 고려하지 않는다)

㉮ 약 7800[kgf]

㉯ 약 7724[kgf]

㉰ 약 7624[kgf]

㉱ 약 7500[kgf]

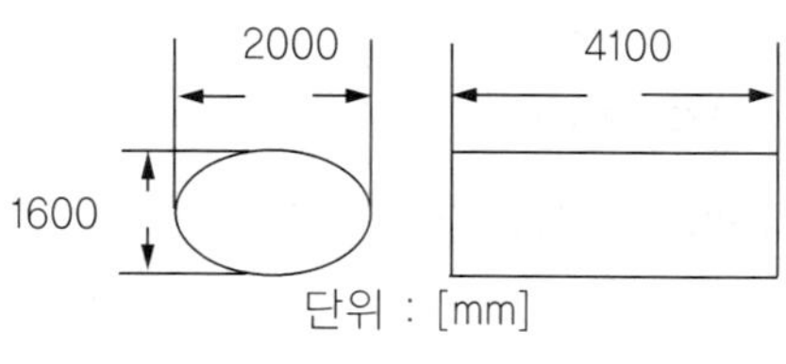

풀이 $V= \frac{\pi ab}{4} \times L \times$비중 $= \frac{3.14 \times 200 \times 160}{4 \times 1000} \times 410 \times 0.75$
$= 7724.4$[kgf]

정답 ㉯

20. 아래 그림과 같은 탱크에 최대로 적재할 수 있는 양은 약 얼마인가 ?

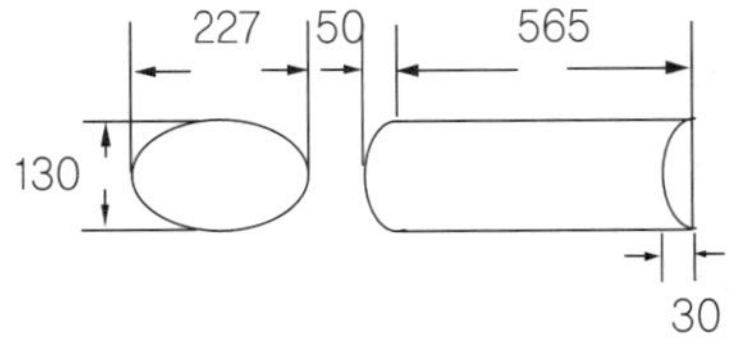

㉮ 11255[L]

㉯ 13242[L]

㉰ 15008[L]

㉱ 17657[L]

풀이 $V=\frac{\pi ab}{4}\times\left(\ell+\frac{\ell_1-\ell_2}{3}\right)=\frac{3.14\times130\times227}{4}\times\left(565+\frac{50-30}{3}\right)$

$= 13242703.98[cc]= 13242[\ell]$

정답 ㉯

21. 그림과 같은 자동차에서 e: 하대 옵셋, Wb: 축간 거리, a: 하대 길이, c: 뒤 오버행일 때 하대 옵셋은 ?(단, 하대길이 끝단과 뒤 오버 행의 끝단은 일치한다고 본다)

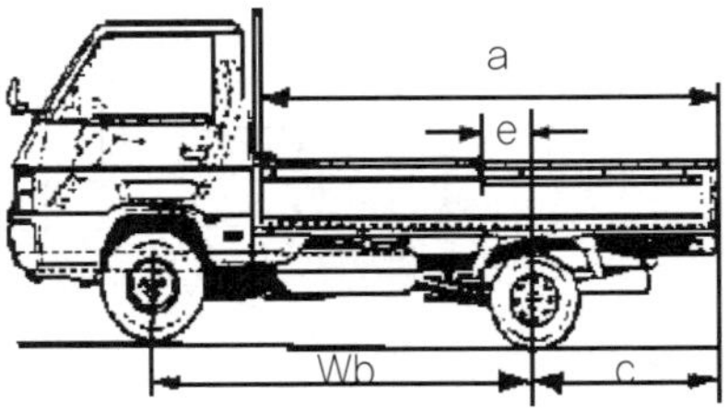

㉮ $e=\frac{a}{2}-c$

㉯ $e=\frac{wb}{2}-c$

㉰ e = Wb − A

㉱ e = A − Wb

정답 ㉮

22. 덤프트럭의 하대 안쪽 길이가 8000[mm], 뒤차축 중심으로부터 하대 안쪽 뒤끝까지의 길이가 2000[mm]인 자동차의 오프셋은 ?

㉮ 2000[mm]

㉯ 2100[mm]

㉰ 2200[mm]

㉱ 6000[mm]

풀이 $OS=\frac{8000}{2}-2000=2000[mm]$

정답 ㉮

23. 승차정원이 50명, 공차상태의 전후 축중이 1700[kgf], 2100[kgf]이고 최대 적재량이 6000[kgf]인 자동차의 차량 총중량은 몇 [kgf]인가 ?

㉮ 3800　　㉯ 12550
㉰ 13050　　㉱ 18550

풀이 차량 총중량 = 승차정원+공차상태의 전후 축중+최대 적재량= (50×65)+1700+2100+6000
= 13050[kgf]

정답 ㉰

24. 적재상태의 전축중이 4000[kgf], 후축중이 9640[kgf], 전륜 타이어 허용하중이 2020[kgf], 후륜 타이어 허용하중이 2095[kgf]이며 후륜이 복륜일 때 적재시 후륜 타이어 부하율은 얼마인가 ?

㉮ 약 99[%]　　㉯ 약 100[%]
㉰ 약 115[%]　　㉱ 약 125[%]

풀이 타이어 부하율([%])= $\frac{\text{적차(또는 공차)시 전(후)륜의 분담하중}}{\text{전(후)륜의타이어 허용하중} \times \text{전(후)타이어의 개수}} \times 100$

$= \frac{9640}{2095 \times 4} \times 100 = 115[\%]$

정답 ㉰

25. 적재시 전(앞)축중이 1450N이고, 차량 총중량은 3000[N], 타이어 허용하중은 820[N], 접지폭이 12.5[cm]인 자동차에 있어서 전(앞)륜의 타이어 부하율은 ?(단, 차량 타이어는 전 : 2개, 후 : 2개임)

㉮ 48.3[%]　　㉯ 88.4[%]
㉰ 116[%]　　㉱ 176.8[%]

풀이 타이어 부하율= $\frac{1450}{820 \times 2} \times 100 = 88.4[\%]$

정답 ㉯

26. 공차시 전륜하중 1500[kgf], 후륜하중 2000[kgf], 적재시 전륜하중 1800[kgf], 후륜하중 6500[kgf]인 화물자동차의 공차 및 적차 상태 조향륜의 하중 비율은 ?

㉮ 공차시 : 22[%], 적차시 : 43[%]　　㉯ 공차시 : 43[%], 적차시 : 22[%]
㉰ 공차시 : 70[%], 적차시 : 20[%]　　㉱ 공차시 : 20[%], 적차시 : 70[%]

풀이 ① 공차상태 = $\frac{1500}{1500+2000} \times 100 = 43[\%]$

② 적차상태= $\frac{1800}{1800+6500} \times 100 = 22[\%]$

정답 나

27. 적차상태에서 조향륜의 하중분포([%])는 ?

가 하중분포= $\frac{\text{공차시 조향륜의 윤중의 합}}{\text{차량 총중량}} \times 100$

나 하중분포= $\frac{\text{공차시 조향륜의 윤중의 합}}{\text{차량 중량}} \times 100$

다 하중분포 = $\frac{\text{적차시 조향륜의 윤중의 합}}{\text{차량 중량}} \times 100$

라 하중분포 = $\frac{\text{적차시 조향륜의 윤중의 합}}{\text{차량 총중량}} \times 100$

풀이 적차상태에서 조향륜의 하중분포[%]= $\frac{\text{적차시 조향륜의 윤중의 합}}{\text{차량 총중량}} \times 100$

정답 라

28. 다음과 같은 제원을 가진 4륜 트럭에 대하여 공차시와 적차시 조향륜의 하중분포와 판정의 적합 여부가 옳은 것은 ?(단, 제원 : 차량중량 – 전축 : 3150[kgf], 후축 : 2760[kgf] 차량총중량 – 전축 : 3860[kgf], 후축 : 7980[kgf])

가 공차시 : 36.3[%] 〉 20[%][적합], 적차시 : 38.7[%] 〉 20[%][적합]

나 공차시 : 26.3[%] 〉 20[%][적합], 적차시 : 48.7 [%] 〉 18[%][적합]

다 공차시 : 53.3[%] 〉 18[%][적합], 적차시 : 32.8 [%] 〉 20[%][적합]

라 공차시 : 53.3[%] 〉 20[%][적합], 적차시 : 32.6 [%] 〉 20[%][적합]

풀이 ① 공차상태 조향륜의 하중분포= $\frac{\text{공차시 조향륜의 윤중의 합}}{\text{차량중량}} \times 100$

$= \frac{3150}{3150+2760} \times 100 = 53.3[\%]$

② 적차상태 조향륜의 하중분포 = $\frac{\text{적차시 조향륜의 윤중의 합}}{\text{차량총중량}} \times 100$

$= \frac{3860}{3860 \times 7980} \times 100 = 32.6[\%]$

※ 조향륜의 윤중의 합은 차량중량 및 차량총중량의 각각에 대하여 20[%] 이상이어야 한다.

정답 라

29. 차량 총중량이 19600[kg_f], 적차시 전축하중이 3780 [kg_f]인 일반 화물 자동차에서 적차시 조향륜의 하중분포 값 및 자동차 안전기준에 의거한 적합 여부는 ?

㉮ 약 19[%] ≦ 20[%](부적합)

㉯ 약 20[%] ≦ 20[%](적합)

㉰ 약 21[%] ≧ 20[%](부적합)

㉱ 약 18[%] ≧ 20[%](적합)

풀이 적차상태 조향륜의 하중분포 = $\frac{3780}{19600}\times100=19.3[\%]$

정답 ㉮

30. 전축중이 730[kg_f], 후축중이 480[kg_f]인 자동차의 공차시 조향륜의 하중 분포율은?

㉮ 20[%]　　㉯ 40[%]

㉰ 60[%]　　㉱ 80[%]

풀이 공차상태 조향륜의 하중분포 = $\frac{730}{730+480}\times100=60[\%]$

정답 ㉰

31. 다음 제원을 참고하여 후륜이 복륜인 자동차의 적차시 후륜 타이어 부하율은 ?(단, 적차시 전륜하중 1500[kgf], 후륜하중 2000[kgf], 타이어 최대허용하중 1000[kgf])

㉮ 20[%]　　㉯ 30[%]

㉰ 40[%]　　㉱ 50[%]

풀이 적차 상태에서의 후륜 타이어 부하율 = $\frac{2000}{1000\times4}\times100=50[\%]$

정답 ㉱

32. 적재시 전축중이 1400[kgf]이고, 후축중이 2500[kgf]인 자동차의 앞·뒤 타이어 부하율은 ?(단, 전·후 싱글 타이어이며, 전륜 타이어 허용하중이 825[kgf], 접지폭 10[cm], 후륜 타이어 허용하중이 980[kgf], 접지폭 12[cm])

㉮ 84.8[%], 127.6[%]

㉯ 89.2[%], 105.4[%]

㉰ 74.5[%], 99.4[%]

㉱ 170[%], 255[%]

풀이 타이어 부하율[%]= $\frac{\text{적차(공차)시전(후)륜의분담하중}}{\text{전(후)륜의타이어허용하중} \times \text{전(후)타이어의개수}} \times 100$

① 앞 타이어 부하율 = $\frac{1400}{825 \times 2} \times 100 = 84.8$[%]

② 뒤 타이어 부하율 = $\frac{2500}{980 \times 2} \times 100 = 127.6$[%]

정답 가

33. 공차시 : 전륜하중 1600[kgf], 후륜하중 2300[kgf], 적재시 : 전륜하중 1900[kgf], 후륜하중 7500[kgf]인 화물자동차의 적재시 조향륜의 부하율은 ?

가 25[%](적합)
나 18.3[%](부적합)
다 20.2[%](적합)
라 41[%](적합)

풀이 적재상태에서 조향륜의 부하율 = $\frac{1900}{1900+7500} \times 100 = 20$[%]

정답 다

34. 적재시 전축에 13000[kgf]의 최대 하중이 작용한다. 4개의 타이어를 사용할 경우 1개의 타이어에 걸리는 하중은 ?

가 2250[kgf]
나 3250[kgf]
다 3050[kgf]
라 3500[kgf]

풀이 타이어 하중 = $\frac{\text{최대하중}}{\text{타이어수}} = \frac{13000}{4} = 3250$[kgf]

정답 나

35. 적차상태의 후축중이 6000[kgf], 접지 폭이 50[cm], 후륜 타이어 개수가 4개인 자동차에서 타이어 접지압은 몇 [kgf/cm^2]인가 ?

가 30
나 60
다 100
라 120

풀이 타이어 접지압= $\frac{6000}{50 \times 4} = 30$

정답 가

36. 공차시 전축중 : 626[kgf], 공차시 후축중 : 396[kgf], 축거 : 2500[mm], 전륜 윤거 : 1.275[m], 후륜 윤거 : 1.294[m], 좌우측 전륜하중 : 313[kgf], 좌우측 후륜하중 : 198[kgf], 타이어 유효반경: 0.275[m]인 경우, 승용차를 0.5[m] 들어올렸을 때 후축중이 40[kgf] 증가한다면 차량의 무게 중심고는 약 얼마인가 ?

㉮ 0.75[m] ㉯ 0.85[m]

㉰ 0.59[m] ㉱ 0.67[m]

풀이 $H= R+\frac{L\times Wr\times \sqrt{L^2-h^2}}{W\times h} = 0.275+\frac{2.5\times 40\times \sqrt{2.5^2-0.5^2}}{(626+396)\times 0.5} = 0.75[m]$

H : 차량의 무게 중심높이, R : 타이어 유효 반지름, L : 축거
Wr : 후축중 증가량, h : 들어올린 높이, W : 차량 중량

정답 ㉮

37. 공차상태에서 전축중 480[kgf], 후축중 400[kgf]의 자동차 앞을 그림과 같이 견인차로 들어올려 전륜이 지면에서 떨어지는 순간에 후축중은 몇 [kgf]이 되는가?

㉮ 400

㉯ 460

㉰ 480

㉱ 520

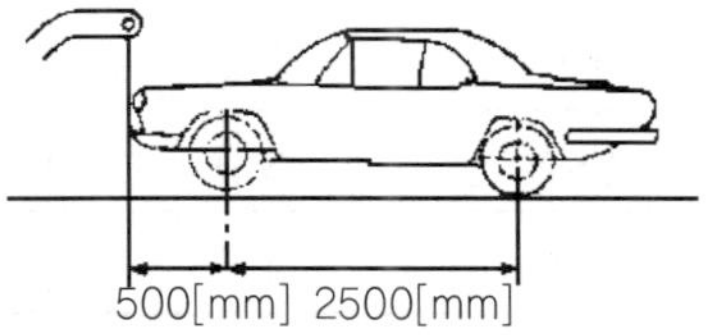

풀이 들어올리는 힘은 지렛대 원리이므로 $x= \frac{480\times 2500}{3000}$ = 400[kgf], 그리고 차량 중량(전축중+후축중) 880[kgf] 중 차량의 앞을 들어올리는 힘이 400[kgf]이며, 나머지는 후축에 가해지기 때문에
후축중= (480-400)+400 = 480[kgf]

정답 ㉰

38. 승차정원 3명(하중의 중심은 앞쪽 수직 상방위에 있다), 최대적재량 2500[kgf], 공차시 전륜하중 1120[kgf], 후륜하중 825[kgf], 하대 오프셋이 0인 화물 트럭의 적재시 전·후륜의 하중은 각각 몇 [kgf]인가 ?

㉮ 전륜의 하중 1315, 후륜의 하중 3325

㉯ 전륜의 하중 1297, 후륜의 하중 2947

㉰ 전륜의 하중 1547, 후륜의 하중 2259

㉱ 전륜의 하중 1341, 후륜의 하중 3443

풀이 ① 전륜하중 = (65[kgf]×3)+ 1120[kgf]= 1315[kgf]
② 후륜하중= 2500[kgf]+825[kgf]= 3325[kgf]

정답 ㉮

39. 중심높이 0.76[m], 우측 안전 폭 0.83[m], 좌측 안전 폭 0.84[m]인 자동차의 좌·우 최대안전 경사각도는 ?

가 좌 65.5, 우 49 나 좌 48.3, 우 49.8

다 좌 45.2, 우 46.7 라 좌 47.9, 우 47.5

풀이 ① 좌측 최대안전경사각도 $\tan^{-1} \times \frac{0.84}{0.76} = 47.9^\circ$

② 우측 최대안전경사각도 $\tan^{-1} \times \frac{0.83}{0.76} = 47.5^\circ$

정답 라

40. 어떤 자동차를 섀시 다이나모에서 LA4모드(CVS-75) 시험법으로 일산화탄소를 측정하였더니 다음과 같은 값을 얻었다. 평균 배기농도는 얼마인가 ?

조건	배기농도([%])	배기농도계수
아이들링	5.0	0.22
가속	3.0	0.43
정속	2.0	0.58
감속	4.0	0.13

가 4.70[%] 나 4.07[%]

다 4.27[%] 라 4.17[%]

풀이 평균 배기 농도 = (5.0×0.22) + (3.0×0.43) + (2.0×0.58) + (4.0×0.13) = 4.07[%]

정답 나

41. 자동차의 매연을 3회 측정하고 다시 2회를 측정하여 총 5회를 측정한 값이 다음과 같다, 산출한 최종 측정치는 ? (1회 ; 44[%], 2회 : 38[%], 3회 : 28[%], 4회 : 40[%], 5회 : 36[%])

가 34.3[%] 나 35[%]

다 36[%] 라 38[%]

풀이 최종 측정치= $\frac{40+36}{2}$ = 38[%]

정답 나

42. 사이드슬립 시험기에서 지시값이 6이라면 주행 1[km]에 대해 앞바퀴가 옆방향으로 얼마나 미끄러지는가 ?

㉮ 6[mm] ㉯ 6[cm]

㉰ 6[m] ㉱ 6[km]

풀이 사이드슬립 시험기에서 지시값이 6이라면 주행 1[km]에 대해 앞바퀴가 옆방향으로 6[m] 미끄러진다.

정답 ㉰

43. 어떤 자동차의 우측 전조등의 하측방향 진폭이 전방 10[m]에서 25[cm]이었다. 전방 100[m]에서는 얼마인가 ?

㉮ 1.0[m] ㉯ 1.5[m]

㉰ 2.0[m] ㉱ 2.5[m]

정답 ㉮

44. 차량의 경음기 소음을 측정한 결과 86[dB]이며, 암소음이 82[dB]이었다면 이때의 보정치를 적용한 경음기의 소음은 ?

㉮ 83[dB] ㉯ 84[dB]

㉰ 86[dB] ㉱ 88[dB]

풀이 자동차로 인한 소음과 암소음의 측정값의 차이가 3[dB] 이상 10[dB] 미만인 경우에는 자동차로 인한 소음의 측정값으로부터 보정값을 뺀 값을 최종 측정값으로 하고, 차이가 3[dB] 미만을 경우에는 측정값을 무효로 한다.

정답 ㉯

45. 축거가 2.7[m], 전륜 윤거가 1.3[m], 외측차륜 조향각이 29°30', 내측차륜 조향각이 38°인 자동차에 대하여 최소 회전반경을 구하는 공식을 적용하기 위한 전륜윤거를 계산하고 판정한 것으로 맞는 것은 ?(단, tan 29°30'은 0.5658, tan38°는 0.7813)

㉮ 1.32[m], 가능 ㉯ 1.39[m], 가능

㉰ 1.69[m], 불가 ㉱ 1.72[m], 불가

풀이 $T_f = \left(\frac{1}{\tan\alpha} - \frac{1}{\tan\beta}\right) \times L = \left(\frac{1}{0.5658} - \frac{1}{0.7813}\right) \times 2.7 = 1.32[m]$

T_f : 앞바퀴의 윤거, tanα: 바깥쪽 앞바퀴의 조향각도, tanβ: 안쪽 앞바퀴의 조향각도, L : 축거

정답 ㉮